實戰物聯網

運用ESP32製作厲害又有趣的專題

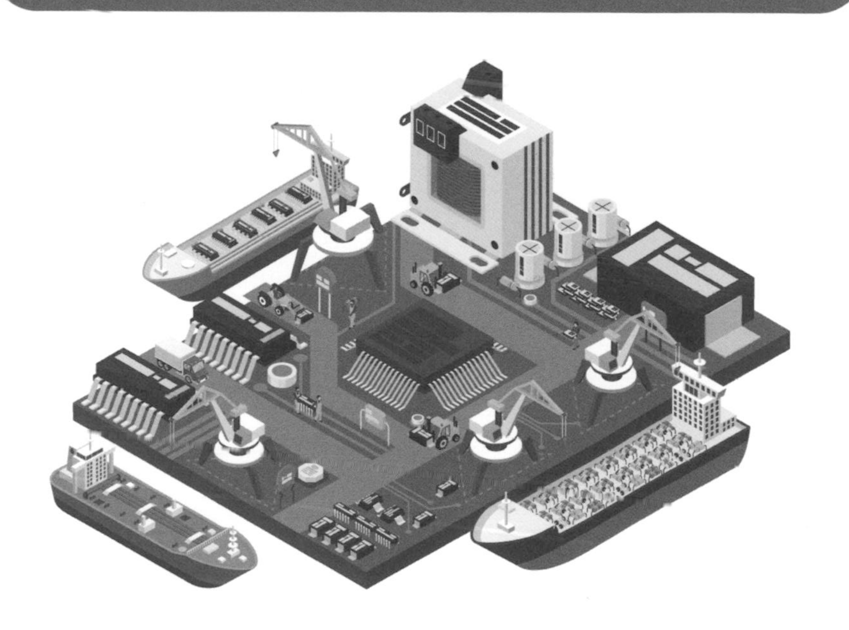

關於作者

About the author

Agus Kurniawan 是一名獨立技術顧問、作者與講師，擁有 18 年的軟體專案開發經歷，包括培訓課程、工作坊以及技術寫作等等。另外，他也在多所大學完成了許多研究，包含無線網路、軟體工程與資訊安全等。目前正在德國攻讀電腦科學博士學位，已經在 Packt 出版了五本書。

關於審校

About the reviewers

Catalin Batrinu 是羅馬尼亞布加勒斯特理工大學（Politehnica University of Bucharest）的電子電信與資訊工程研究所碩士。在五年的應用程式開發職涯中，他協助了許多公司將應用程式搬上了雲端，同時也開始對物聯網產生興趣。他開發過的產品原型包括灌溉控制器、智能插座、扇片開關、照明控制和環境監控等等，都可透過雲端來控制。作為物聯網架構師，他的研發內容包含 AR/VR 框架、感測器 / 數位分身概念、大數據 / 即時效能相關的軟體架構，還有針對結構化 / 非結構化的資料分析與建模。他也具備資料來源辨識、單點事實定義以及確保資料安全性等相關專業。

目錄

Contents

10 使用雲端技術實作物聯網監控系統 213

前言

Preface

ESP32 是一款整合了 Wi-Fi 與 BLE 藍牙的平價微控制器。你可採用許多以 ESP32 為基礎的模組與開發板來快速打造各種物聯網（Internet-of-Things, IoT）應用。Wi-Fi 與 BLE 是物聯網應用中常見的網路通訊方式。這類網路模組應能提供相當不錯的成本效應來滿足你的商務與專案需求。

本書目標是作為 ESP32 開發的基礎指引。我們先從 GPIO 這類會用到感測器的小程式開始。接著就要製作氣象站、感測器監控器、智慧居家裝置、Wi-Fi 照相機以及 Wi-Fi 駕駛攻擊等物聯網專案來深入 ESP32 開發。最後，我們要讓 ESP32 與行動 app 以及 Amazon AWS 這類的雲端伺服器來互動。

本書可以幫助你運用 ESP32 晶片來製作並執行各種物聯網專案。

本書是為誰所寫

本書目標讀者是針對學生、業餘玩家、專業人士、開發者以及對於物聯網有熱情的所有人。你不需具備 ESP32 相關知識也能理解並操作本書內容。

本書內容

第 1 章　認識 ESP32

簡介了 ESP32 開發板，另外也告訴你如何設定用於 ESP32 的開發環境。

第 2 章　在 LCD 上視覺化呈現資料與動畫

可視為氣象系統的出發點。本章將帶你製作一支簡單的 ESP32 程式，透過 DHT22 感測器模組來感測溫度與濕度。接著，會在 ESP32 板子上加裝 LCD 小螢幕，並介紹如何控制它。

第 3 章　使用嵌入式 ESP32 開發板製作簡易小遊戲

討論了如何操作類比搖桿，以及使用蜂鳴器來製作簡易的發聲裝置，最後完成了一個小遊戲。

第 4 章　感測器監控紀錄器

本章內容是關於如何讓 ESP32 板子得以存取 SD/microSD 這類的外部儲存裝置。我們要把感測器資料存在這類外部儲存裝置中，並在偵測與寫入感測器資料之後進入休眠模式來完成一個感測器監控紀錄器。

第 5 章　透過網際網路來控制物聯網裝置

介紹了如何讓 ESP32 開發板連上 Wi-Fi 無線網路，並接續連上網際網路並與網路伺服器互動。另外也會讓 ESP32 板子變成一個小型的網路伺服器。本章最後則是完成了一個簡易的智慧家庭裝置，能透過網路來控制其中的 LED。

第 6 章　物聯網氣象站

使用了 ESP32 板子搭配 DHT22 感測器製作了一個氣象站，可以取得感測器讀數。另外也加入了 Node.js 來升級氣象站，讓它可以處理更大規模的網路請求。

第 7 章　自製 Wi-Fi 駕駛攻擊

示範如何透過 ESP32 板子來操作 GPS 模組。在此會製作一個簡易的駕駛攻擊專案，可針對 GPS 位置進行 Wi-Fi 剖析。內容會涵蓋如何同時讀取 Wi-Fi SSID 與 GPS 資料。

第 8 章　打造專屬 Wi-Fi 相機

本章的內容是關於如何透過 ESP32 板子來操作照相機模組，在此會用到 OV7670 照相機模組來拍攝影像。另外也會開發相關的 Wi-Fi 功能來透過網路來拍照。

第 9 章　製作與手機應用程式互動的物聯網裝置

聚焦於如何讓 ESP32 程式與 Android 手機 app 兩者以 Wi-Fi 通訊協定作為媒介來互動。藉由這個方式，你就能透過 Android app 控制 ESP32 板子上的某些感測器與致動裝置。另外還會學到如何在 ESP32 板子上啟動 BLE 藍牙服務，並讓 Android app 透過 BLE 藍牙通訊來與 ESP 板子互動。

第 10 章　使用雲端技術實作物聯網監控系統

本章的內容是關於 AWS IoT 雲端服務。我們要寫一個 ESP32 程式把溫溼度感測器資料發送到 AWS IoT，並透過 MQTT 通訊協定在兩者之間建立一個通訊管道。這項技術也可以應用在其他物聯網裝置上。

充分運用本書

本書是針對所有想運用 ESP32 來學習物聯網開發的讀者。以下為完成本書內容所需具備的技能或知識：

- 對於 C 或 C++ 程式語言要有基本的理解。
- 對於物聯網有一定的認識將有助於你更順利完成本書範例，但非必要。

下載範例檔案

本書程式可在 Packt GitHub 網頁取得，日後如果程式碼有更新的話，也會更新在這個 GitHub 上。

`https://github.com/PacktPublishing/Internet-of-Things-Projects-with-ESP32`

套件包購買

如需購買 ESP32 套件包，可洽機器人國王商城：

`https://robotkingdom.com.tw/?s=esp`

本書使用慣例

本書運用了不同的字體來代表不同的慣用訊息。

CodeInText：文字、資料庫表單名稱、資料夾名稱、檔案名稱、副檔名稱、路徑名稱、假的 URL，使用者輸入和推特用戶名稱都會這樣顯示。例如：“把已下載的 WebStorm-10*.dmg 磁碟映像檔掛載為系統的另一個磁碟。”

以下是一段程式碼：

```
int16_t temperature = 0;
      int16_t humidity = 0;
      if (dht_read_data(sensor_type, dht_gpio, &humidity, &temperature)
== ESP_OK){
```

會以粗體來強調一段程式碼：

```
int16_t temperature = 0;
      int16_t humidity = 0;
      if (dht_read_data(sensor_type, dht_gpio, &humidity, &temperature)
== ESP_OK){
```

命令列 / 終端機的輸入輸出訊息會這樣表示：

```
$ make menuconfig
```

粗體（Bold）

代表新名詞、重要字詞或在畫面上的文字會以粗體來表示。例如，在選單或對話窗中的文字就會以粗體來表示。例如：「請由**管理**面板選擇**系統資訊**。」

警告與重要訊息。

提示與小技巧。

CHAPTER

1

認識 ESP32

ESP32 是一款由具備 Wi-Fi 與 Bluetooth 網路的 MCU 所組成的平價晶片，使其可用於製作各種物聯網（**Internet of Things, IoT**）應用。本章要來看看多種 ESP32 開發板並學會 ESP32 的基本開發方法。

本章主題如下：

- ESP32 簡介
- 採用 ESP32 的開發板
- 設定開發環境
- 使用 Espressif SDK 來開發 ESP32 程式
- 開發用於 ESP32 開發板的草稿碼程式

1.1 技術要求

開始之前，請確認你已準備好以下項目：

- 安裝好作業系統的電腦，作業系統可為 Windows、Linux 或 macOS。
- 一片 ESP32 開發板，建議使用 Espressif 自家的 ESP-WROVER-KIT 開發板。

1.2 ESP32 簡介

ESP32 是由 Espressif Systems 公司所推出的平價晶片。ESP32 在其單晶片上整合了 Wi-Fi（2.4 GHz）與 Bluetooth 4.2，支援傳統 Bluetooth 來建立像是 L2CAP、SDP、GAP、SMP、AVDTP、AVCTP、A2DP (SNK) 與 AVRCP (CT) 等連線。ESP32 也支援藍牙低功耗（Bluetooth Low Energy, BLE），包含了 L2CAP、GAP、GATT、SMP 與基於 GATT 的藍牙規範。ESP32 晶片 / 模組的詳細產品線請參考以下網址：

https://www.espressif.com/en/products/modules/esp32

ESP32 有兩大板型：晶片型與模組型，兩者的尺寸與腳位數量不同。如何選用 ESP32 版型完全取決於你的專案設計與目的。想要設計並製作一個整合在 PCB 電路板中的 IoT 方案時，ESP32 板型的實際尺寸就是你必須考量的因素之一。各種 ESP32 晶片與模組板型請參考：

https://www.espressif.com/en/products/modules

接著要來介紹一些採用了 ESP32 晶片或 ESP32 模組的開發板。

1.3 採用 ESP32 的開發板

由於 ESP32 具備了晶片與模組兩種板型，市面上已有多款整合了 ESP32 晶片或 ESP32 模組的開發板。本書不是要介紹如何做出一片具備 ESP32 的開發板。反之，我們將採用市面上方便取得的現成開發板。

以 ESP32 為基礎的開發板可分成兩種款式。第一種是由 Espressif 原廠生產的開發板，另一種則是來自該公司的業務夥伴或個人自造者。來看看市面上一些現有的 ESP32 開發板。

◉ ESP32 原廠開發套件

整體而言，Espressif 提供了一系列可直接使用的 ESP32 開發板。我們不用再大費周章去洗 PCB 電路板以及焊接 ESP32 晶片等等。Espressif 所推出的 ESP32 系列開發板請參考：

https://www.espressif.com/en/products/hardware/development-boards

接著要介紹兩款 ESP32 開發板：ESP32- PICO-KIT 與 ESP-WROVER-KIT。ESP32-PICO-KIT 是一款體積輕巧的基礎開發板，可以直接搭配麵包板來接線。這片板子包含了像是 USB CP2102（v 4.0）與 CP2102N（v 4.1）等 ESP32 晶片。可以透過 USB 傳輸線將這片板子接上電腦。

ESP-WROVER-KIT 則是另一款功能完整的開發板，包含了各種感測器與模組。本板子採用了 ESP32-WROVER 來實作 ESP32 開發板的各項功能。ESP-WROVER-KIT 的主要功能如下：

- FT2232HL 的 JTAG 介面
- 相機接頭
- I/O 接頭

- RGB LED
- MicroSD 卡插槽
- LCD

ESP-WROVER-KIT 實體照片如下：

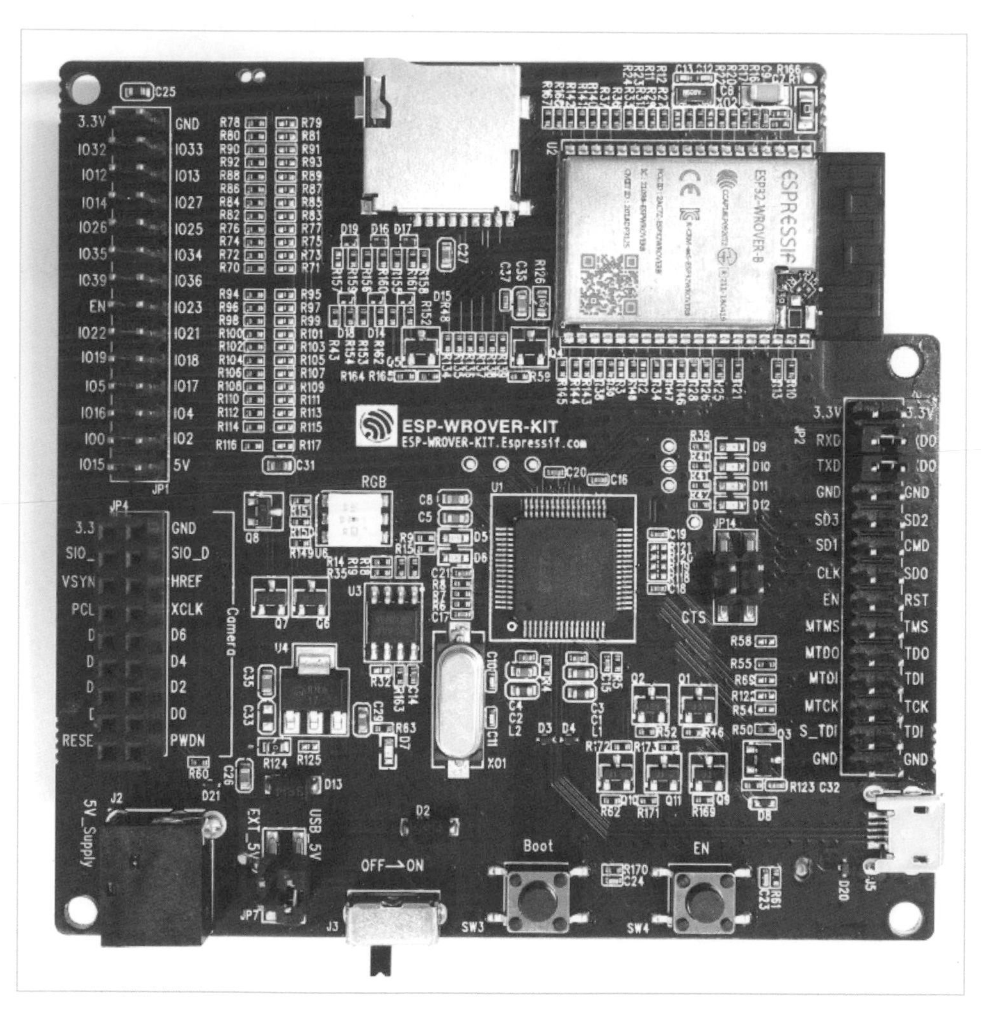

▲ 圖 1-1：ESP-WROVER-KIT

◉ 以 ESP32 為基礎的其他開發板

我們可由 Espressif 或其經銷商購買 ESP32 晶片與模組，這樣就能製作專屬的 ESP32 開發板了。這些以 ESP32 為基礎的開發板多數是公開販售的。本節就要來看看兩款這樣的 ESP32 開發板。

SparkFun ESP32 Thing 是 SparkFun 公司所推出的一款 ESP32 開發板。這款板子一樣採用了 ESP32 晶片，並提供 TTL USB 使其能與 ESP32 晶片通訊。另外，SparkFun ESP32 Thing 具備了一個 LiPo 電池接頭，這樣就可以用電池為這片板子供電了。SparkFun ESP32 Thing 的更多資訊請參考以下網址：

https://www.sparkfun.com/products/13907

SparkFun ESP32 Thing 的實體照片如下圖：

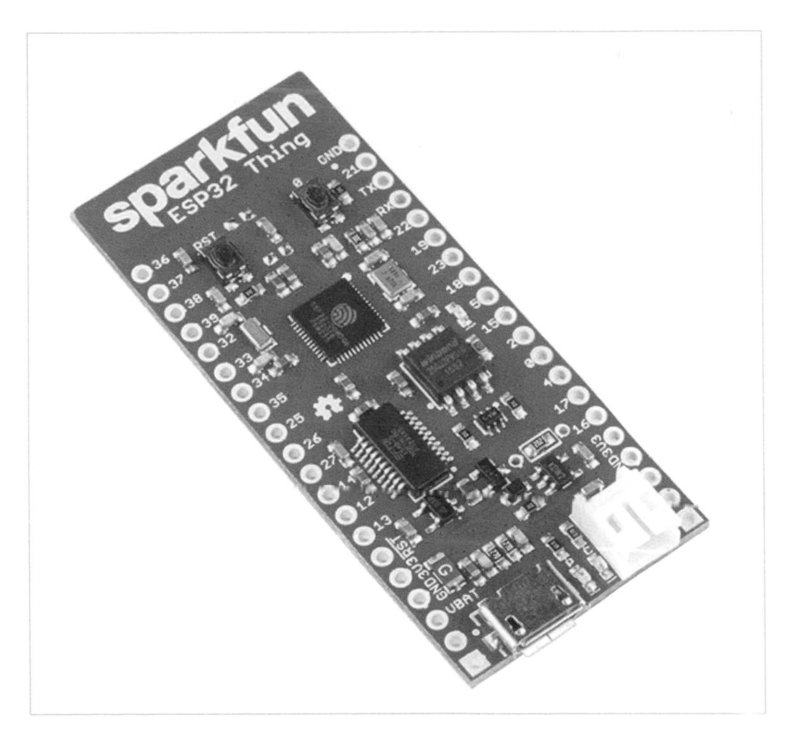

▲ **圖 1-2**：SparkFun ESP32 Thing

Adafruit 是一家電子元件製造商以及電子產品線上商城，他們所推出以 ESP32 為基礎的開發板叫做 Adafruit HUZZAH32 - ESP32 Feather Board。這款板子採用了 ESP32 模組，並如同 SparkFun ESP32 Thing 板子一樣，具備了 TTL USB 與 LiPo 電池接頭。購物連結請參考以下網址：

https://www.adafruit.com/product/3405

▲ **圖 1-3**：Adafruit HUZZAH32 - ESP32 Feather Board

另一款以 ESP32 為基礎的的開發板可由阿里巴巴與 Alipress 平台上取得。請用 ESP32 board 作為關鍵字來搜尋，可以找到很多採用 ESP32 晶片模組的客製開發板。本書將使用 ESP-WROVER-KIT 來開發。

◉ 設定開發環境

Espressif 公司針對 ESP32 提供了 SDK。技術上來說，Espressif Systems 公司提供了相關文件來設定 ESP32 工具鏈。請參考以下連結在 Windows、Linux 與 macOS 等作業系統上完成設定：

https://docs.espressif.com/projects/esp-idf/en/latest/get-started/index.html#setup-toolchain
（縮址：https://is.gd/InYd27）

完成之後，你需要取得 ESP-IDF 來開發 ESP32 程式，以及準備所有必要的 Python 函式庫。詳細做法請參考：

https://docs.espressif.com/projects/esp-idf/en/latest/get-started/index.html#get-started-get-esp-idf
（縮址：https://is.gd/cRqEfk）

完成之後就可以開發 ESP32 開發板的程式了。ESP32 程式是用 C 語言來編寫，你應該不陌生才對。任何文字編輯器都可以用來編寫 ESP32 程式，但本書將使用 Visual Studio code（https://code.visualstudio.com），這款 IDE 工具支援 Windows、Linux 與 macOS 等作業系統。

接著要來寫一個用於 ESP32 開發板的小程式了。

1.4 範例 1 ｜第一個 ESP32 程式

本節要寫一個用於 ESP32 開發板的小程式，會用到 3 顆 LED 與跳線。我們會從 LED 1 到 LED 3 依序點亮每個 LED。本範例使用 ESP-WROVER-KIT 來實作。開始吧！

◎ 硬體接線

這裡要把三顆 LED 接到 ESP32 開發板上的 GPIO 腳位，說明如下：

- LED 1 接到 IO12
- LED 2 接到 IO14
- LED 3 接到 IO26
- 所有 LED 的 GND 腳位（較短的腳）接到 ESP32 板子的 GND 腳位

接線示意圖如下：

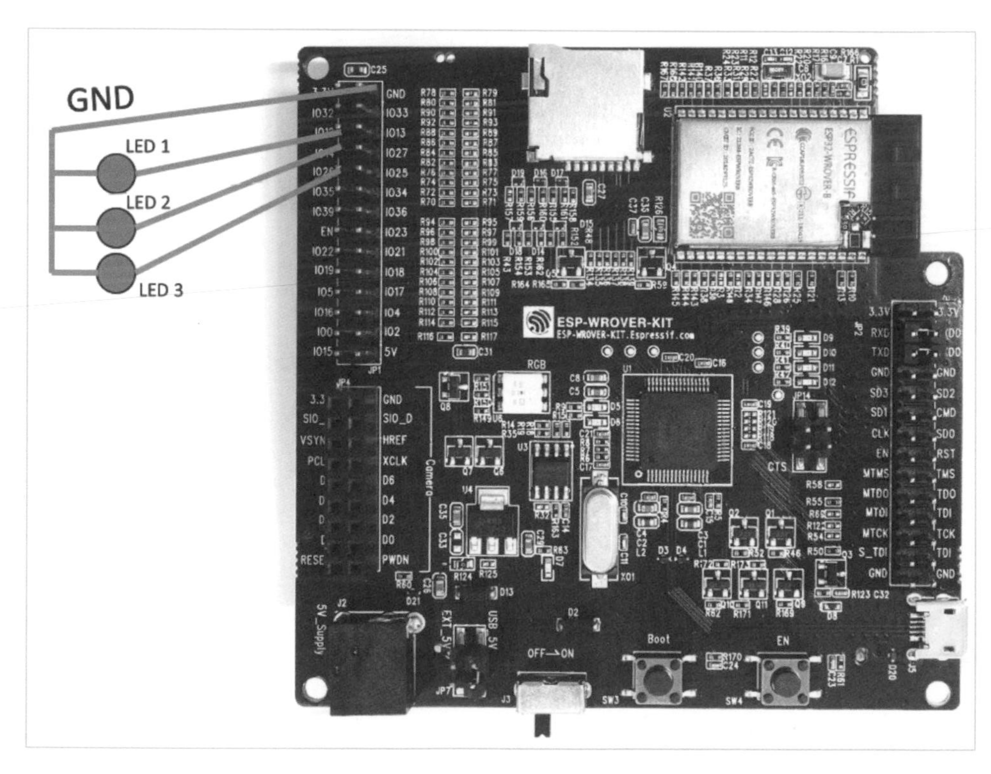

▲ 圖 1-4：LED 範例接線圖

接著要建立專案。

◉ 建立專案

一般來說，目前還沒有針對 ESP32 搭配其 SDK 的樣板專案。不過，我們可以建立一個架構如下的專案，如下圖：

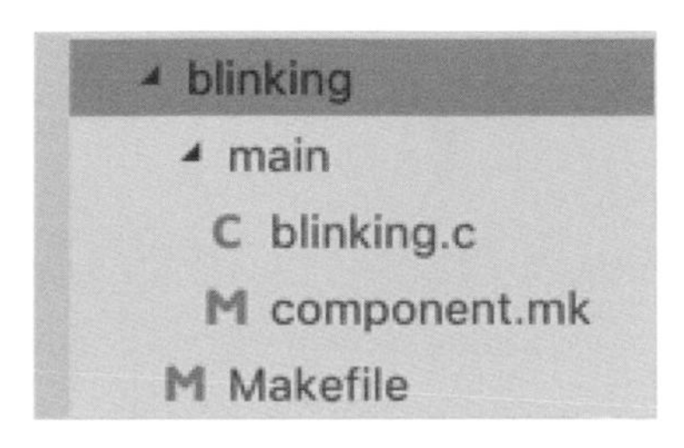

▲ **圖 1-5**：專案架構

每個專案都包含了以下檔案：

- Makefile，位於專案的根目錄
- main 資料夾
- 程式檔 (*.c)
- component.mk，位於 main 資料夾中

本範例的作法是建立一個名為 blinking 的資料夾。接著再建立 Makefile 檔。另外還要建立一個 main 資料夾。在 main 資料夾中需要再建立 blnking.c 與 component.mk 等檔案。

下一節就要編寫這些檔案相關的程式了。

◉ 編寫程式

現在要針對 Makefile、component.mk 與 blinking.c 等檔案編寫相關的腳本與程式碼：

1. Makefile 檔案中宣告了本專案的名稱，這也應該與專案資料夾同名。Makefile 的內容如下：

```
PROJECT_NAME := blinking

include $(IDF_PATH)/make/project.mk
```

2. component.mk 是用於編譯。作法是建立一個同名的檔案，且其內容應為空：

```
#
#  "main" pseudo-component makefile.
#
#  (Uses default behavior of compiling all source files in directory,
adding 'include' to include path.)
```

3. 現在要編寫主程式 blinking.c 的程式了，首先宣告要用到的函式庫標頭：

```
#include <stdio.h>
#include "freertos/FreeRTOS.h"
#include "freertos/task.h"
#include "driver/gpio.h"
#include "sdkconfig.h"
```

4. 定義三顆接在 ESP32 GPIO 腳位上的 LED，這邊用到了 ESP32 GPIO 的 IO12、IO14 與 IO26 腳位：

```
#define LED1
#define LED2
#define LED3
```

5. 程式的主進入點為 app_main()。為此需要建立一個名為 blinking_task 的函式並呼叫它：

```
void app_main()
{
    xTaskCreate(&blinking_task, "blinking_task", configMINIMAL_STACK_SIZE,
NULL, 5, NULL);
}
```

6. `blinking_task()` 函式會呼叫 `gpio_pad_select_gpio()` 函式來初始化 GPIO。接著，呼叫 `gpio_set_direction()` 函式把指定的 GPIO 腳位設定為輸出模式。主迴圈會依序點亮各個 LED。在此會呼叫 `turn_on_led()` 函式來完成這件事：

```
void blinking_task(void *pvParameter)
{
    // 設定 GPIO 腳位編號與模式
    gpio_pad_select_gpio(LED1);
    gpio_set_direction(LED1, GPIO_MODE_OUTPUT);
    gpio_pad_select_gpio(LED2);
    gpio_set_direction(LED2, GPIO_MODE_OUTPUT);
    gpio_pad_select_gpio(LED3);
    gpio_set_direction(LED3, GPIO_MODE_OUTPUT);

    int current_led = 1;
    while (1) {
        turn_on_led(current_led);
        vTaskDelay(1000 / portTICK_PERIOD_MS);
        current_led++;
        if (current_led>3)
            current_led = 1;
    }
}
```

7. 呼叫 `gpio_set_level()` 搭配參數 `1` 或 `0` 來點亮或熄滅 LED。如果傳送參數 `1` 給 `gpio_set_level()`，代表設定該 GPIO 腳位為高電位：

```
void turn_on_led(int led)
{
    // 所有 LED 熄滅
    gpio_set_level(LED1, 0);
    gpio_set_level(LED2, 0);
    gpio_set_level(LED3, 0);

    switch(led)
    {
        case 1:
            gpio_set_level(LED1, 1);
            break;
        case 2:
            gpio_set_level(LED2, 1);
            break;
```

```
        case 3:
            gpio_set_level(LED3, 1);
            break;
    }
}
```

8. 現在，儲存所有程式。

接著，要完成專案設定才能將其燒錄到 ESP32 開發板。

◉ 專案設定

現在要透過 `menuconfig` 來完成專案設定。這個小工具屬於 ESP32 工具鏈，之前應該已經在你的系統上設定好了才對。

請開啟終端機，切換到你的專案目錄並輸入以下指令：

```
$ make menuconfig
```

應該會看到如下圖的視窗：

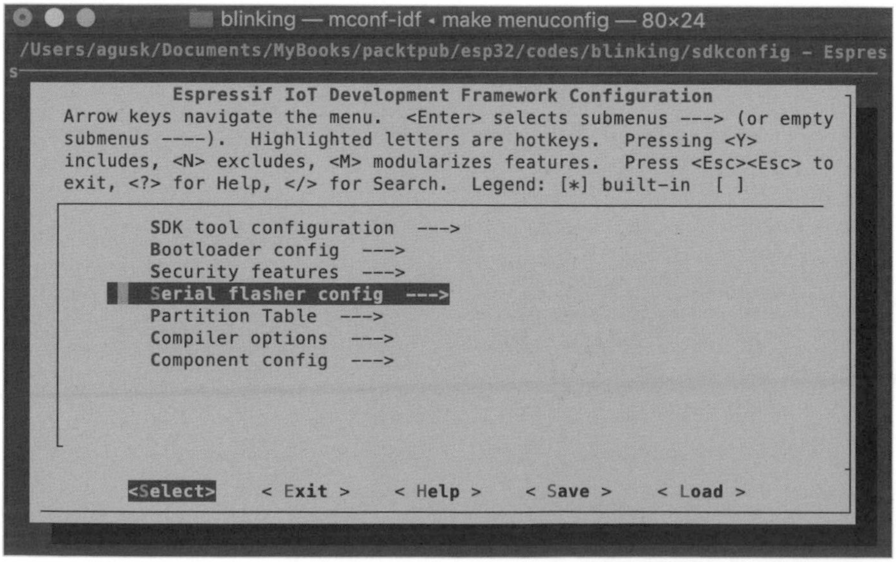

```
blinking — mconf-idf ◂ make menuconfig — 80×24
/Users/agusk/Documents/MyBooks/packtpub/esp32/codes/blinking/sdkconfig - Espres
s
        Espressif IoT Development Framework Configuration
 Arrow keys navigate the menu.  <Enter> selects submenus ---> (or empty
 submenus ----).  Highlighted letters are hotkeys.  Pressing <Y>
 includes, <N> excludes, <M> modularizes features.  Press <Esc><Esc> to
 exit, <?> for Help, </> for Search.  Legend: [*] built-in  [ ]

        SDK tool configuration  --->
        Bootloader config  --->
        Security features  --->
        Serial flasher config  --->
        Partition Table  --->
        Compiler options  --->
        Component config  --->

    <Select>    < Exit >    < Help >    < Save >    < Load >
```

▲ 圖 1-6：Espressif 專案設定畫面

設定 ESP32 的序列埠，接著選擇 `Serial flasher config` 選單。

請在此填入你的 ESP32 開發板的序列埠編號，我的 ESP-WROVER-KIT 板子序列埠編號如下圖：

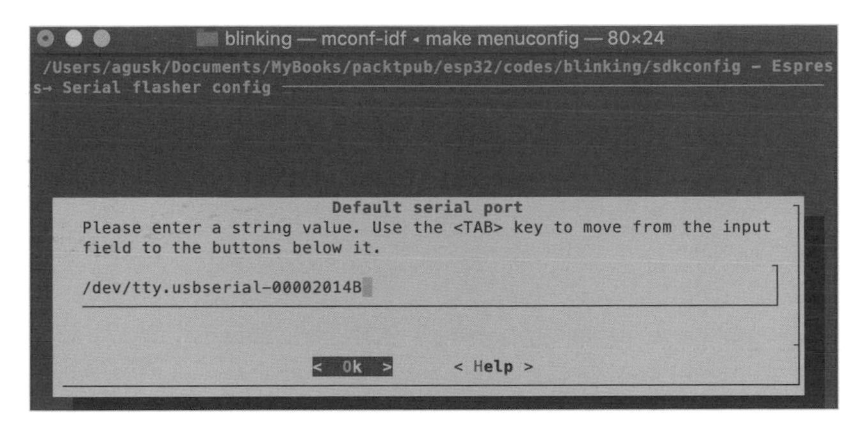

▲ **圖 1-7**：設定 ESP32 板子的序列埠

完成後，點選 **Save** 按鈕。menuconfig 程式會儲存你的專案設定，輸出結果如下圖。應可看到這款工具程式已在你的專案目錄下建立了一個 `sdkconfig` 檔：

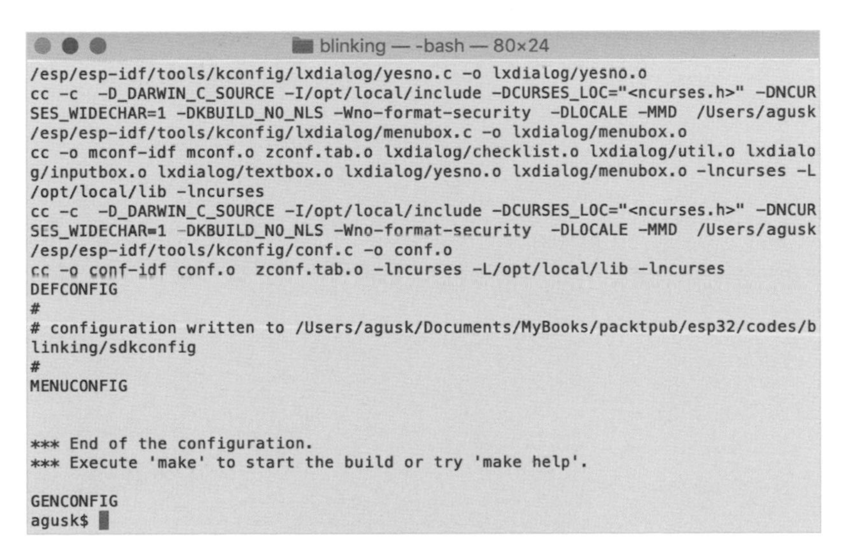

▲ **圖 1-8**：專案設定結果

你的程式已經準備好進行編譯與燒錄了。

◉ 編譯與燒錄

專案設定完成之後，就可以把程式燒錄到 ESP32 板子上了。請由終端機切換到你的專案目錄，並輸入以下指令：

```
$ make flash
```

這個指令會進行編譯與燒錄。如果找不到 make 指令的話，請先在你的系統上安裝 make。

如果 ESP32 板子序列埠設定正確的話，就會馬上開始燒錄程式。否則，燒錄工具程式會因為找不到指定的 ESP32 序列埠而顯示逾時訊息。下圖是我的程式在燒錄過程中所顯示的一些訊息：

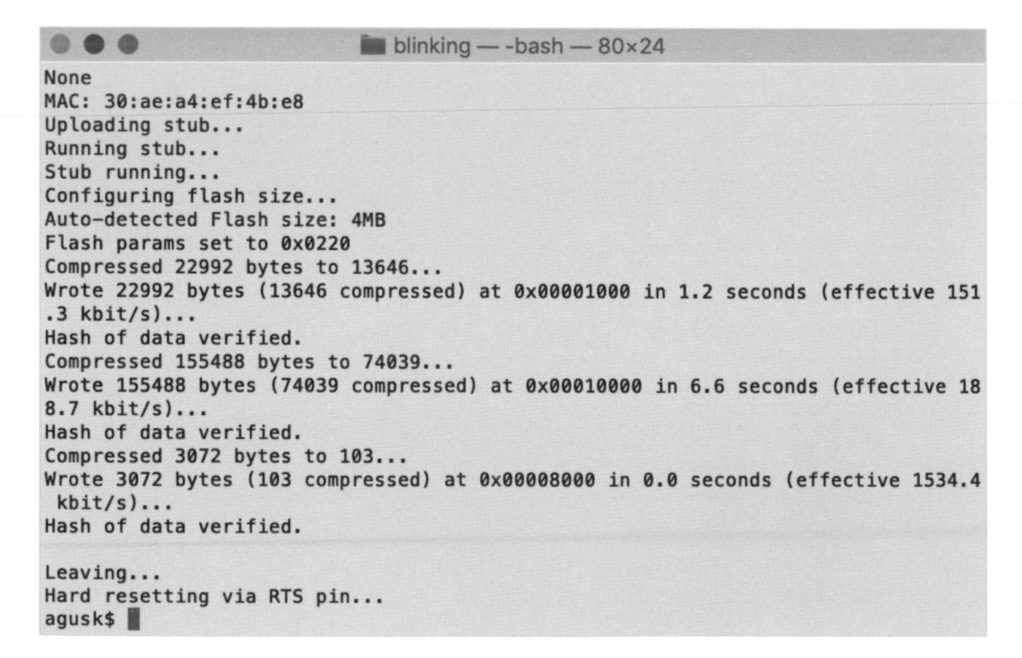

▲ 圖 1-9：將程式燒錄到 ESP32 板子上

順利的話，就可看到板子上的 LED1、LED2 與 LED3 依序亮起。

接著要用 Arduino 環境來開發 ESP32 程式。

1.5 使用 Arduino 來編寫 ESP32 程式

Arduino 是最大的開放原始碼硬體社群，提供了各種功能多元的 Arduino 板子來滿足你的需求。Arduino 也提供了開發 Arduino 程式的軟體，請由此下載對應於你作業系統的 Arduino 開發環境：

https://www.arduino.cc/en/Main/Software

現在，ESP32 板子也可在 Arduino 環境中來開發了。技術上來說，用 Arduino 環境來開發 ESP32 還是會用到 Espressif SDK。需要先設定好才能在 Ardiuno 環境中來操作各種 ESP32 板子。請參考以下說明在你的平台上完成相關設定：

https://github.com/espressif/arduino-esp32

在此推薦的做法是透過 Arduino 環境的開發板管理員來安裝 ESP32 板子所需的軟體套件。請開啟 Arduino 環境的 **Preferences**，接著在 **Additional board manager** URL 欄位中輸入：

https://dl.espressif.com/dl/package_esp32_index.json

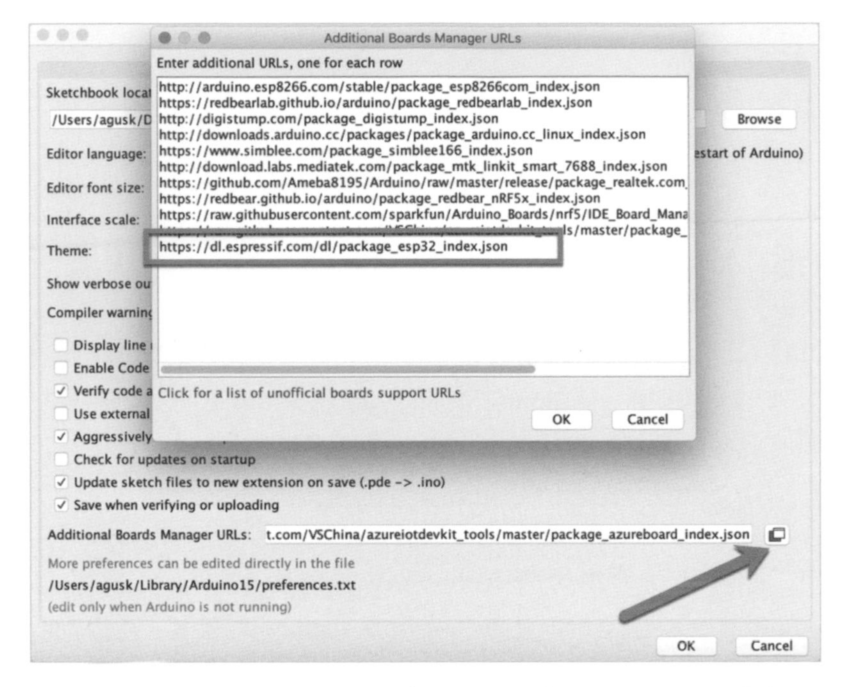

▲ 圖 1-10：將 ESP32 開發板資源網址加入 Arduino 環境中

完成之後，點選 OK。

現在可以安裝 ESP32 開發板了。請由 **Tools** 選單中開啟 **Boards Manager**，在彈出視窗的上方欄位中輸入 esp32，就可以看到 esp32 套件的搜尋結果，如下圖：

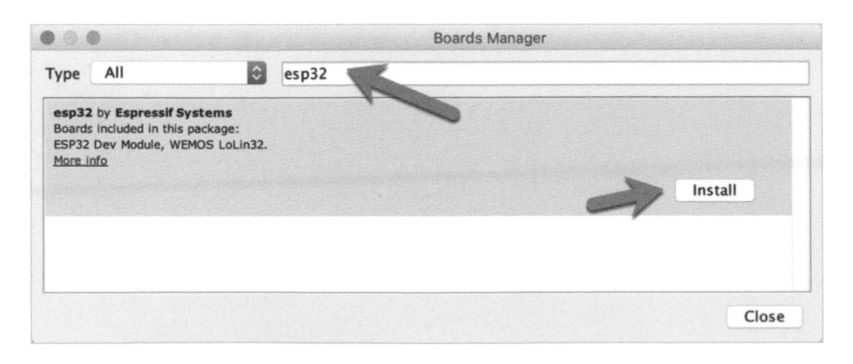

▲ 圖 1-11：安裝 ESP32 板子

按下 **Install**，Arduino 就會下載 ESP32 會用到的所有函式庫。完成之後，可在 **Tools / Board** 選單中看到一系列的 ESP32 板子了，如下圖：

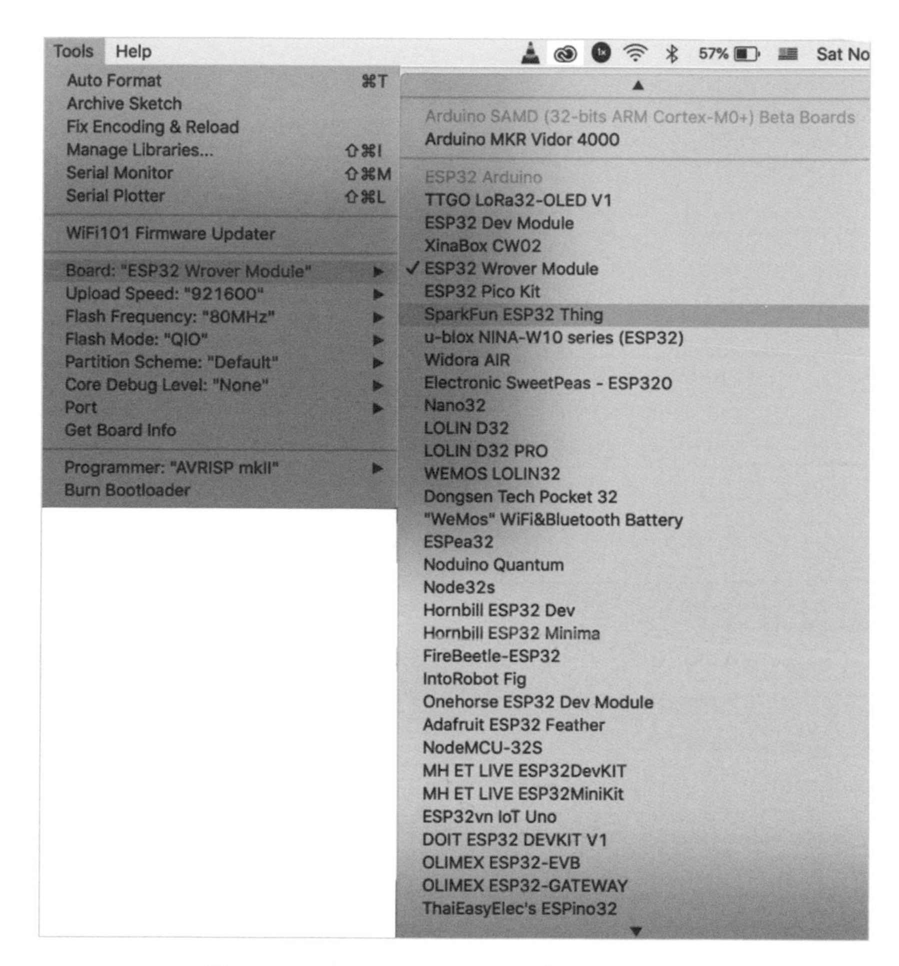

▲ **圖 1-12**：在 Arduino 可用的各種 ESP32 板子

現在，就可以在 Arduino 環境中編寫 ESP32 板子的程式了。

範例 2 | 使用 Arduino IDE 編寫 ESP32 程式

本節要寫一個可用於 ESP 板子的 Arduino 程式。我們還是用前一節的範例，只是改用 Arduino 來寫。如果你還不太熟悉 Arduino 環境的話，建議先看看以下連結的教學：

https://www.arduino.cc/reference/en/

雖然 ESP32 有兩個核心（core 0 與 core 1），但 Arduino 程式只會執行其中一個而已。你不用擔心 Arduino 會用到哪一個核心，但如果真的想知道的話，可以透過 xPortGetCoreID() 函式來查詢。

1. 使用 pinMode() 函式來設定 ESP32 GPIO 腳位為輸入或輸出，接著就能透過 digitalWrite() 函式對指定腳位寫入數值了。延續上一段的範例，我們用 Arduino 改寫如下：

```
#define LED1 12
#define LED2 14
#define LED3 26
```

2. 把 current_let 設為 1，代表將從數字 1 的 LED 開始點亮。

```
int current_led = 1;
```

3. 每個由 Arduino IDE 所開發的程式都會有一個 setup() 函式，其中的程式碼只會板子啟動時執行一次而已。現在我們要在其中把用於驅動 LED 的腳位設為輸出腳位：

```
void setup() {
    pinMode(LED1, OUTPUT);
    pinMode(LED2, OUTPUT);
    pinMode(LED3, OUTPUT);
}
```

4. 這個自定義的函式會接受 LED 編號作為參數，先熄滅所有 LED，再透過 **digitalWrite()** 函式搭配輸入的參數值來點亮對應的 LED。

```
void turn_on_led(int led)
{
  // 熄滅所有 LED
  digitalWrite(LED1, LOW);
  digitalWrite(LED2, LOW);
  digitalWrite(LED3, LOW);
  switch (led)
  {
    case 1:
      digitalWrite(LED1, HIGH);
      break;
    case 2:
      digitalWrite(LED2, HIGH);
      break;
    case 3:
      digitalWrite(LED3, HIGH);
      break;
  }
}
```

5. **loop()** 函式中的程式碼會不斷執行，如同 **while(1)** 無窮迴圈。以本範例來說，程式碼會每 1 秒鐘點亮一顆 LED。直到最後一顆 LED 時再回頭從第一顆開始，這個流程會一直持續下去。

```
void loop() {
    turn_on_led(current_led);
    delay(1000);
    current_led++;
    if(current_led>3)
      current_led = 1;
}
```

6. 儲存程式。

現在，請在 Arduino IDE 中將板子類型設定為本書所採用的 ESP32 型號，序列埠也要設定好，如下圖：

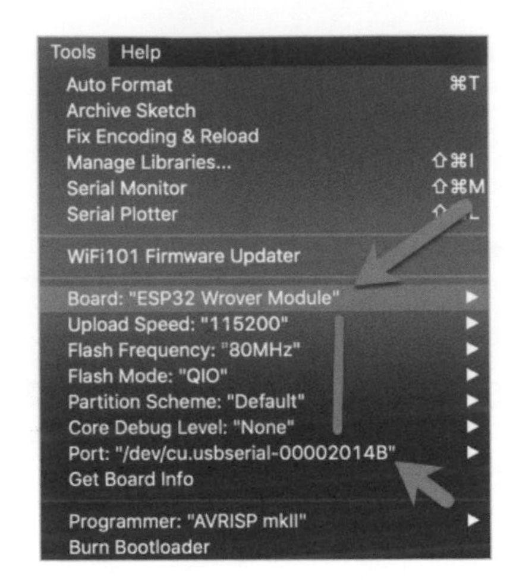

▲ 圖 **1-13**：設定 ESP32 Wrover 模組

現在可以透過 Arduino 軟體來編譯並上傳程式了。順利的話，可以看到如下圖的輸出畫面：

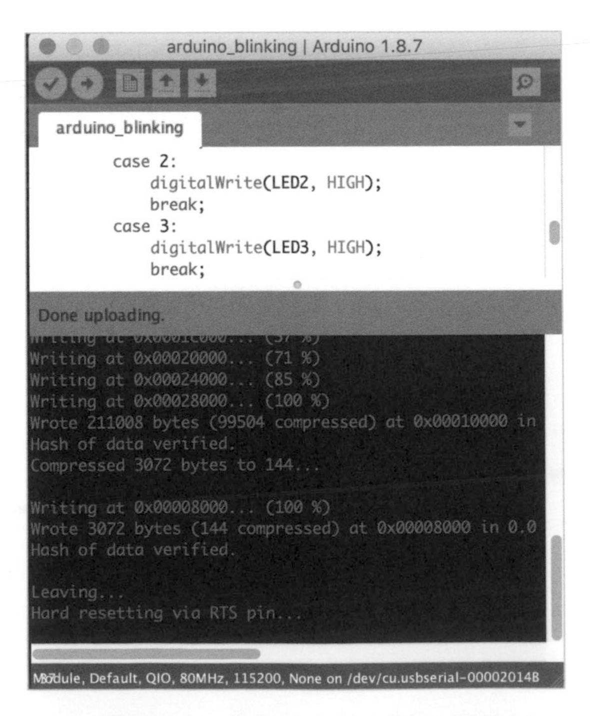

▲ 圖 **1-14**：上傳程式到 ESP32 開發板

如果還是發生錯誤的話，請仔細檢查 ESP32 型號與序列埠是否都設定正確。

1.7 總結

本章帶你認識了 ESP32 開發板，也設定了它的開發環境。接著，我們運用了 Espressif SDK 寫了一個讓三顆 LED 輪流閃爍的小程式，最後再改用 Arduino 軟體來改寫同一個情境。

下一章要將介紹如何在 ESP32 開發板上操作 LCD 小螢幕。

1.8 延伸閱讀

更多關於 ESP-IDF 程式設計的資訊請參考 ESP-IDF 程式開發指南：

`https://docs.espressif.com/projects/esp-idf/en/latest/`

CHAPTER

2

在 LCD 上視覺化呈現資料與動畫

各款 ESP32 晶片與模組上都包含了**通用輸入 / 輸出（general-purpose input/output, GPIO）**腳位來進行感測與驅動其他元件。本章將學會如何透過 ESP32 的 GPIO 腳位來讀取感測器資料，也會介紹如何使用 ESP32 晶片搭配 LCD 小螢幕來顯示資料。除此之外，我們還會把溫度與濕度這類的感測資訊顯示在 LCD 上。最後，我們要用 ESP32 開發板做一個簡單的 IoT 天氣監控系統。

稍後會一步步帶你了解如何操作 LCD。到了本章最後，你還會知道如何操作 ESP32 開發板來偵測天氣，並把資訊顯示在 LCD 小螢幕上。

本章內容如下：

- 認識 ESP32 GPIO
- 認識天氣監控物聯網系統
- 讀取感測器裝置的溫度與濕度
- 使用 LCD 來顯示資訊
- 製作天氣監控系統

2.1 技術要求

開始之前，請確認你已準備好以下項目：

- 安裝好作業系統的電腦，作業系統可為 Windows、Linux 或 macOS。
- 一片 ESP32 開發板，建議使用 Espressif 自家的 ESP-WROVER-KIT 開發板。
- 電腦上設定好了 ESP32 開發環境。
- DHT22 感測器模組，1 組。
- CoolTerm 工具軟體，可透過序列通訊（UART）來讀寫資料，這個軟體在 Windows、Linux 與 Mac 都可使用。本工具需要設定傳輸速率（Baudrate）為 115200 才能搭配 ESP32 開發板使用。

2.2 認識 ESP32 GPIO

ESP32 晶片具備了 40 支實體的 GPIO 腳位。有些 GPIO 腳位無法使用或在晶片封裝上沒有對應的腳位。針對 ESP32 晶片或模組為基礎的開發板來說，部分開發板製造商可能會用掉所有的 ESP32 GPIO 腳位。不過，還有些開發板製造商除了會用到全部的 ESP32 GPIO 腳位之外，還會加入更多像是電池、電壓、自家感測器與接地等腳位。

由於 ESP32 開發板種類繁多，我們無法一一介紹所有開發板的型號。在此，只會用 Espressif 原廠的 ESP-WROVER-KIT 開發板來示範。

ESP-WROVER-KIT 開發板的 GPIO 腳位有三處，由下圖可以看到腳位在板子上的位置。部分 GPIO 腳位名稱會直接印在開發板上，所以可以判讀這些 GPIO 腳位：

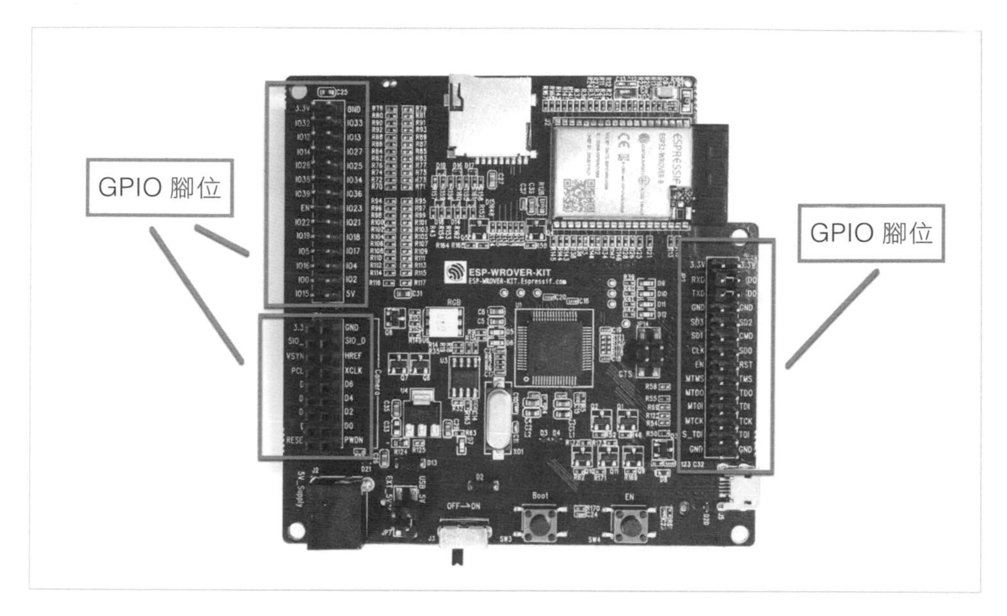

▲ **圖 2-1**：ESP-WROVER-KIT 開發板上的 GPIO 腳位

有些 GPIO 腳位的用途是 PWM、ADC、DAC、I2C、I2S 與 SPI。ESP-WROVER-KIT 開發板的詳細 GPIO 配置請參考以下網址，選定開發板之後，接著要介紹本章所要製作的 IoT 天氣監控系統。

```
https://dl.espressif.com/dl/schematics/ESP-WROVER-KIT_V4_1.pdf
```

2.3 用於監控天氣的 IoT 系統

大氣監控系統可以感測大氣的狀態，例如溫度、濕度與天氣狀況（晴天、多雲等等）。我們需要各種感測器才能得知大氣的狀態。

我們可以設計一個簡易版的 IoT 天氣監控系統，如圖 2-2。具備必要感測器的 IoT 開發板可以偵測溫度與濕度這類的物理狀況。有些 IoT 天氣監控系統還能把感測器數值顯示在螢幕或 LCD 模組上：

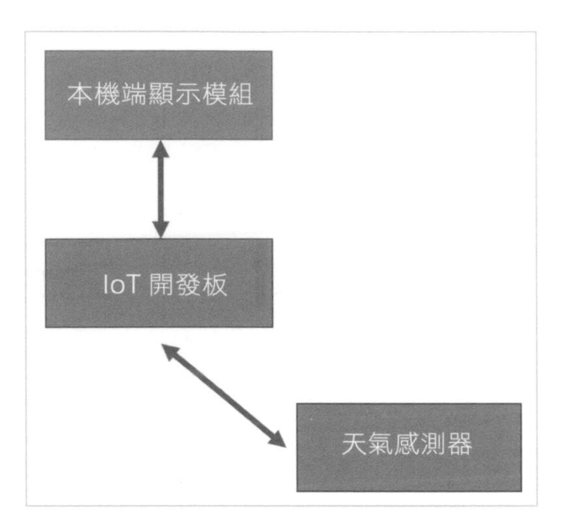

▲ **圖 2-2**：簡易版的 IoT 天氣監控系統

了解天氣監控系統與其基礎架構之後，現在開始自己做一套天氣監控系統吧！下一段將介紹如何運用 ESP32 開發板搭配感測器裝置來讀取溫度與濕度的變化。

2.4 讀取感測器裝置的溫度與濕度

本節將寫一個小程式來讀取來自感測器的溫度與濕度，在此會使用 DHT22 感測器。這款感測器在 Adafruit、SparkFun 與 AliExpress 這類的線上商城都很容易買到。

本專案的情境是讀取來自感測器的溫度與濕度，接著再把感測器數值顯示於序列終端機。接著就要開始實際完成硬體接線並開始寫程式。

◉ 硬體接線

先來介紹 DHT22 感測器模組，它可以感測溫度與濕度的變化。一般來說，DHT22 都具備四支腳位，感測器腳位配置如圖 2-3：

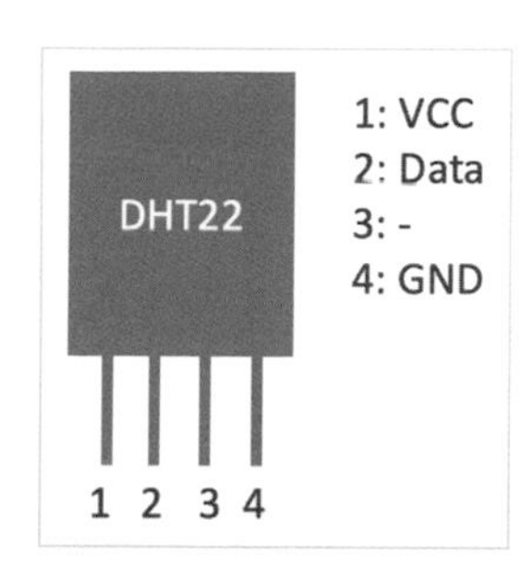

▲ **圖 2-3**：DHT22 感測器模組的常見腳位配置

本專案的硬體接線說明如下：

- DHT22 腳位 1 接到 ESP32 開發板 3.3V。
- DHT22 腳位 2 接到 ESP32 開發板 GPIO 26（IO26）。你可以加一個上拉電阻（也可以不加）。
- DHT22 腳位 4 接到 ESP32 開發板 GND。你可以加一個 4.7kΩ 上拉電阻（也可以不加）。

圖 2-4 是我的 ESP-WROVER-KIT 開發板與 DHT22 硬體接線實體照片：

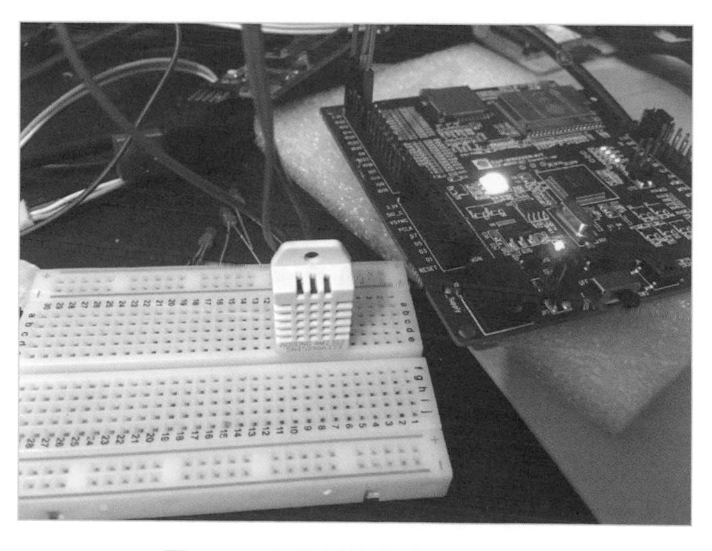

▲ **圖 2-4**：本範例的實體硬體接線照片

硬體接線介紹完畢，開始寫程式。

◉ 編寫程式

請根據以下步驟來製作天氣監控系統的 ESP32 程式：

1. 建立專案，命名為 dhtdemo，新建專案的詳細步驟請回顧第 1 章「認識 EPS32」。主程式檔為 dhtdemo.c。

2. 需要 ESP-IDF 元件函式庫才能順利讀取 DHT22 感測器，連結如下：

   https://github.com/UncleRus/esp-idf-lib

   這個專案包含了多個相容於 ESP32 晶片 / 開發板的感測器與致動器裝置所需之驅動程式。你可將這些驅動程式用於個人專案中。本節將使用 dht 驅動程式來操作 DHT 感測器。

3. 請把 esp-idf-lib 專案中的 dht 資料夾，複製到你的 esp-idf/components 資料夾。複製完成如圖 2-5：

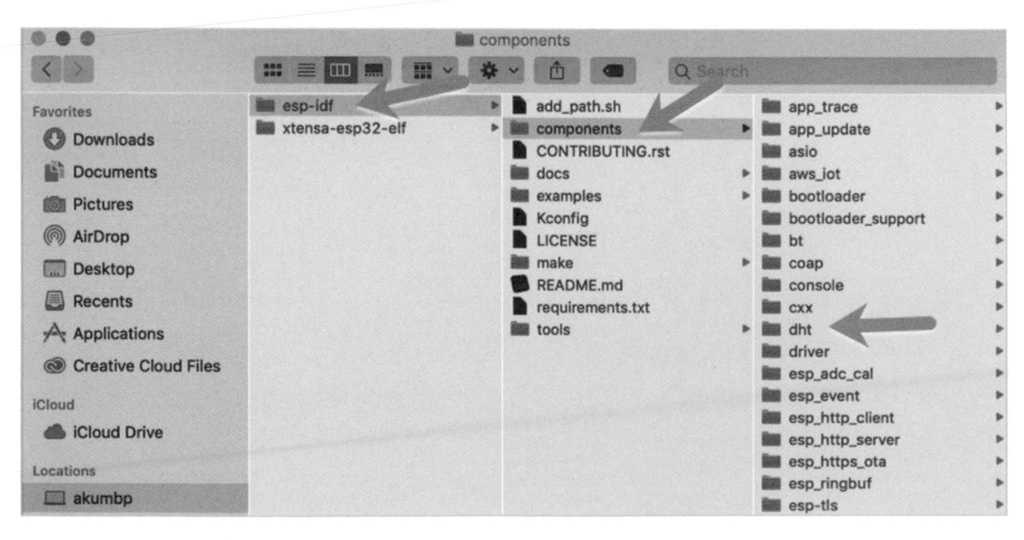

▲ 圖 2-5：在 ESP-IDF 目錄下加入 dht 元件

4. 現在要來編寫 dhtdemo.c 中的程式碼。首先，定義 ESP32 開發板所需的函式庫。標頭檔會被載入程式中，如下：

```
#include <stdio.h>
#include "freertos/FreeRTOS.h"
#include "freertos/task.h"
#include "/driver/gpio.h"
#include "sdkconfig.h"
```

5. 宣告 dht.h 標頭來存取 DHT 函式庫，接著定義 DHT 型號為 DHT_TYPE_DHT22。最後，設定 DHT22 感測器模組要連接到 GPIO 26 腳位：

```
#include <dht.h>
static const dht_sensor_type_t sensor_type = DHT_TYPE_DHT22;
static const gpio_num_t dht_gpio = 26;
```

6. 現在要來處理主程式 app_main()。在此呼叫 dht_task() 函式來建立任務，接著透過 xTaskCreate() 來呼叫 dht_task() 函式：

```
void app_main()
{
    xTaskCreate(&dht_task, "dht_task", configMINIMAL_STACK_SIZE, NULL, 5, NULL);
}
```

dht_task() 函式中運用了 dht_read_data() 函式來讀取 DHT22 的溫度與濕度值。感測器的讀取結果會存在 temperature 與 humidity 這兩個變數中。這些感測器值後續就會藉由 printf() 指令顯示於終端機中。

本程式每 5 秒鐘會讀取一次感測器資料。dht_task() 函式的完整內容如下：

```
void dht_task(void *pvParameter)
{
  int16_t temperature = 0;
  int16_t humidity = 0;
  while (1) {
    if (dht_read_data(sensor_type, dht_gpio, &humidity, &temperature) == ESP_OK)
      printf("Humidity: %d%% Temp: %d^C\n", humidity / 10, temperature / 10);
    else
      printf("Could not read data from sensor\n");
    vTaskDelay(5000 / portTICK_PERIOD_MS);
  }
}
```

將所有程式碼存檔為 `dhtdemo.c`，接著編譯並將程式燒錄到 ESP32 開發板。

◉ 執行程式

現在，請用 `make menuconfig` 指令來設定本專案。詳細作法請回顧第 1 章「認識 EPS32」的 LED 閃爍專案。

程式順利燒錄到 ESP32 開發板之後，請透過 PuTTY 或 CoolTerm 這類的序列通訊程式來與板子溝通。在此用 CoolTerm 來示範，請由此以下網址下載：

`http://freeware.the-meiers.org`

開啟與這片 ESP32 開發板的連線。順利的話，就能在軟體中看到程式的輸出結果，我的狀況如圖 2-6：

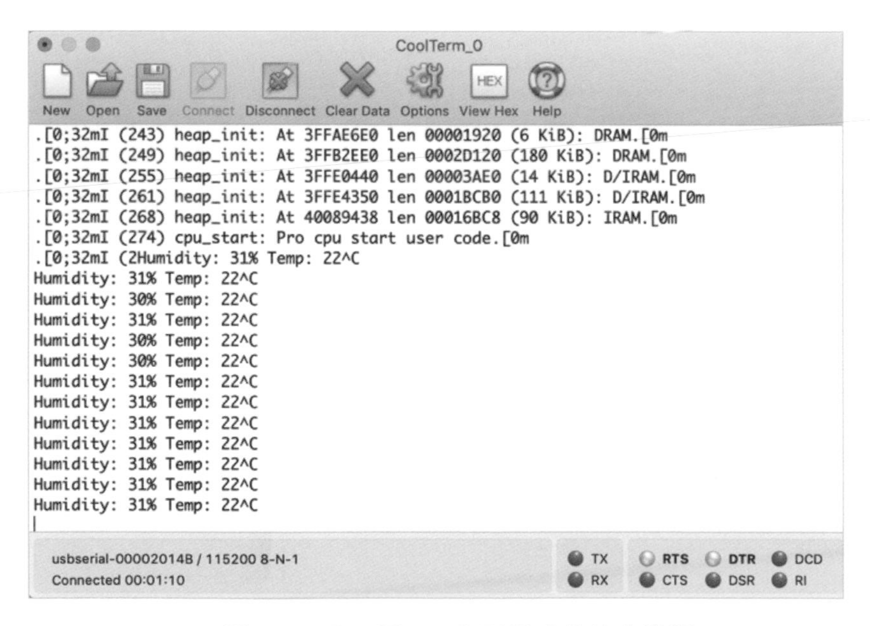

▲ **圖 2-6**：CoolTerm 序列程式的輸出畫面

現在已經設定好感測器，使其可以讀取溫度與濕度，來看看如何把這些資訊顯示在 LCD 上。

2.5 使用 LCD 來顯示資訊

本節要說明如何透過 ESP32 開發板來操作 LCD 顯示模組。本範例所用的 ESP- WROVER-KIT v4 開發板有一個內建的 LCD 模組，型號為 ILI9341。ILI9341 LCD 模組的資料表請參考：

https://cdn-shop.adafruit.com/datasheets/ILI9341.pdf

實作上會用到針對 ESP32 的 TFT 函式庫，請由此以下網址取得：

https://github.com/loboris/ESP32_TFT_library

然後，開始進行本專案的硬體接線。

◉ 硬體接線

如果你已經取得 ESP-WROVER-KIT 開發板，那就不需要額外的 LCD 模組，當然也不用再接線了。或者如果你使用其他的 LCD 模組，就要透過 ESP32 SPI 腳位把 LCD 模組接上 ESP32 開發板。根據 ESP- WROVER-KIT 開發板的資料表，接線如圖 2-7：

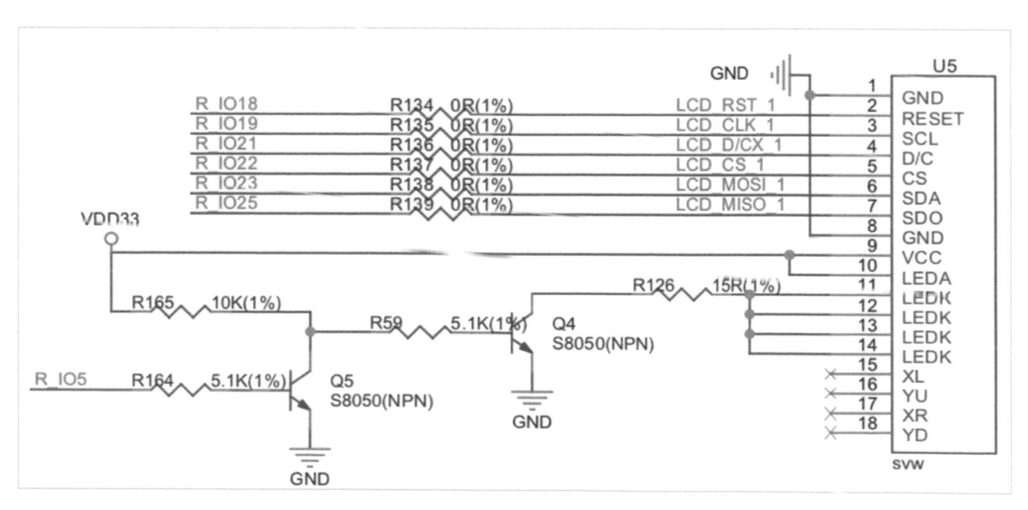

▲ 圖 2-7：LCD 模組與 ESP32 接線

請參考以下資訊把 LCD 模組接上 ESP32：

- LCD VCC 接到 ESP32 VCC
- LCD GND 接到 ESP32 3.3V
- LCD SCL 接到 ESP32 SPI CLK (IO19)
- LCD SDA 接到 ESP32 MOSI (IO23)
- LCD SDO 接到 ESP32 MISO (IO25)
- LCD CS 接到 ESP32 CS (IO22)
- LCD D/C 接到 ESP32 D/CX (IO21)

接著要建立專案了。

⊙ 建立專案

請根據以下步驟來建立新的專案：

1. 建立一個名為 `lcddemo` 的專案，主程式檔為 `lcddemo.c`。
2. 請由 ESP23 的 TFT 函式庫下載並複製一個專案：`https://github.com/loboris/ESP32_TFT_library`。本函式庫包含了可用於 ESP32 的 TFT LCD 驅動程式，可在 TFT LCD 上顯示文字與幾何圖形。
3. 請把 `components` 與 `tools` 資料夾內容複製到本專案中，完成後的專案結構如圖 2-8：

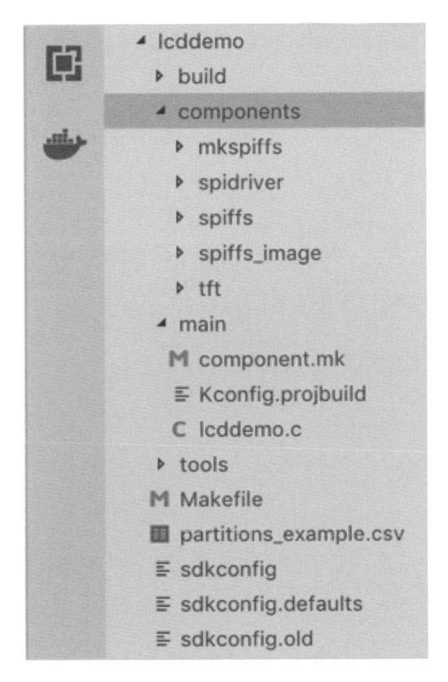

▲ **圖 2-8**：lcddemo 專案結構

現在，寫一個程式在 LCD 上顯示圓圈，藉此來說明本專案的架構。請確認所有的外部函式庫都已放在 `components` 資料夾中了，如圖 2-8。

◉ 編寫 ESP32 程式

請根據以下步驟來完成 ESP32 的程式：

1. 修改 ESP32 TFT 函式庫中的 `tft_demo.c`。在此會用到 `circle_demo()` 函式，如下：

```
static void circle_demo()
{
   int x, y, r, n;
     // 在 LCD 螢幕的上方顯示訊息 "CIRCLE DEMO"
     disp_header("CIRCLE DEMO");
```

2. 現在，使用 TFT_drawCircle() 函式在 LCD 模組上隨機畫幾個圓圈。圓圈會隨機出現在螢幕上的某個位置，並透過 random_color() 函式來隨機決定它們的顏色。隨後，LCD 的下方標題處就會被更新為已繪製的圓圈數量（例如 208 CIRCLES）。

```
uint32_t end_time = clock() + GDEMO_TIME;
n = 0;
while ((clock() < end_time) && (Wait(0))) {
   x = rand_interval(8, dispWin.x2-8);
   y = rand_interval(8, dispWin.y2-8);
   if (x < y) r = rand_interval(2, x/2);
   else r = rand_interval(2, y/2);
   TFT_drawCircle(x,y,r,random_color()); n + +;
}
sprintf(tmp_buff, "%d CIRCLES", n);
update_header(NULL, tmp_buff);
Wait(-GDEMO_INFO_TIME);
```

3. 除了畫圓圈之外，還可以透過 TFT_fillCircle() 函式來指定圓圈內的顏色。最後，使用相同的 x, y 與 r 值，但改用不同的 random_color() 數值，圓圈的填滿與邊緣顏色都會不一樣喔！

```
update_header("FILLED CIRCLE", "");
TFT_fillWindow(TFT_BLACK); end_time = clock() + GDEMO_TIME;
n = 0;
while ((clock() < end_time) && (Wait(0))) {
    x = rand_interval(8, dispWin.x2-8);
    y = rand_interval(8, dispWin.y2-8);
    if (x < y) r = rand_interval(2, x/2);
    else r = rand_interval(2, y/2);
    TFT_fillCircle(x,y,r,random_color());
    TFT_drawCircle(x,y,r,random_color());
    n++;
  }
  sprintf(tmp_buff, "%d CIRCLES", n);
  update_header(NULL, tmp_buff);
  Wait(-GDEMO_INFO_TIME);
}
```

4. 接著，修改呼叫 circle_demo() 函式的 tft_demo() 函式：

```
void tft_demo() {

  …

  // demo
  disp_header("Welcome to ESP32");
  circle_demo();

  while (1) {
    // do nothing
  }
}
```

5. 由於會用到放在 <projects>/components 下的某些元件，這裡就必須要求編譯器去匯入這些元件。在此會在 component.mk 檔案中加入要匯入的元件，如下：

```
COMPONENT_SRCDIRS := .
COMPONENT_ADD_INCLUDEDIRS := .
```

6. 針對 Makefile 檔，請輸入以下內容：

```
PROJECT_NAME := lcddemo

EXTRA_CFLAGS += --save-temps

include $(IDF_PATH)/make/project.mk
```

7. 儲存所有檔案，接著設定專案並編譯程式，最後再把程式燒錄到 ESP32 開發板。

程式搞定了，來設定開發板吧！

◉ 設定 ESP-WROVER-KIT v4 開發板

在編譯並把程式燒錄到 ESP32 開發板之前，必須先完成專案的相關設定。本範例所採用的 ESP32 開發板 型號為 ESP-WROVER-KIT v4。在此會透過 `menuconfig` 指令來設定 LCD 型號與燒錄大小。請根據以下步驟來操作：

1. 開啟終端機，切換到你的專案資料夾。
2. 輸入以下指令來執行 `menuconfig`：

```
$ make menuconfig
```

3. 會看到如圖 2-9 的畫面，請點選 `TFT Display DEMO Configuration`：

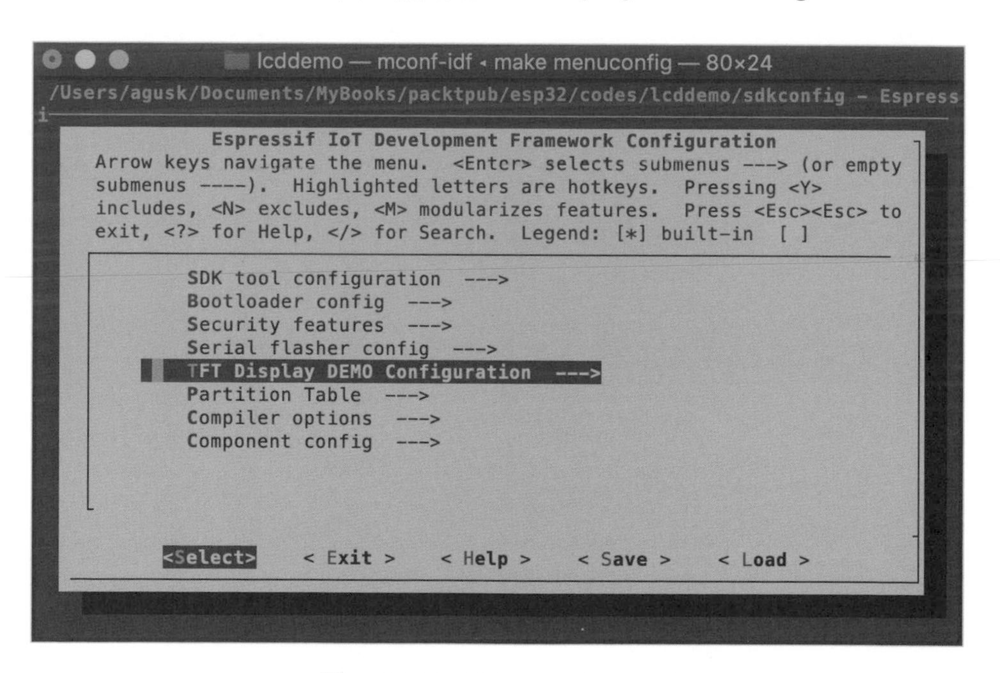

▲ 圖 2-9：TFT Display demo 設定

4. 會接著看到如圖 2-10 的畫面，請選擇 Select predefined display configuration 這個選項：

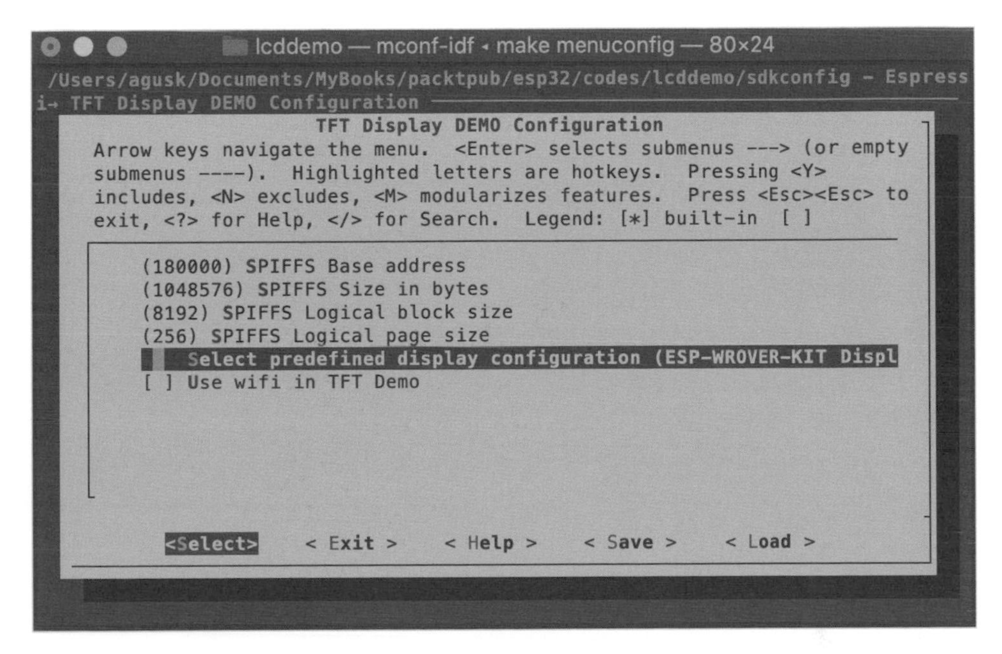

▲ 圖 2-10：選擇預先定義的顯示設定

5. 會看到一連串的 TFT 模組，如圖 2-11。

6. 由於本範例使用 ESP-WROVER-KIT v4，請選擇 ESP-WROVER-KIT Display 這個選項。

7. 按下鍵盤的 *Tab* 鍵來切換到本選項：

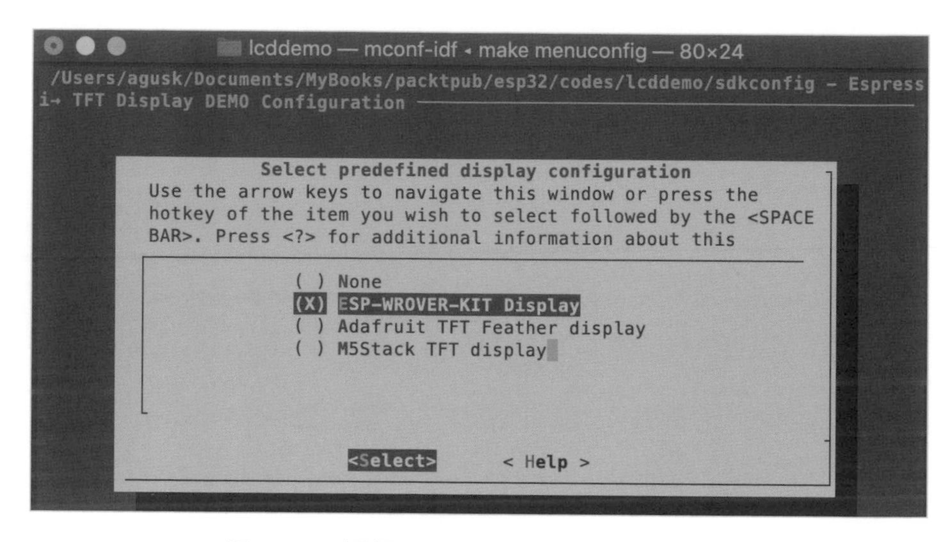

▲ 圖 2-11：選擇 ESP-WROVER-KIT Display

8. 接著要設定燒錄大小。回到主選單，如圖 2-9。
9. 選擇 **Serial flasher config** 選單。
10. 接著選擇 **Flash size** 選項。
11. 選定之後會看到多個燒錄大小選項，如圖 2-12：

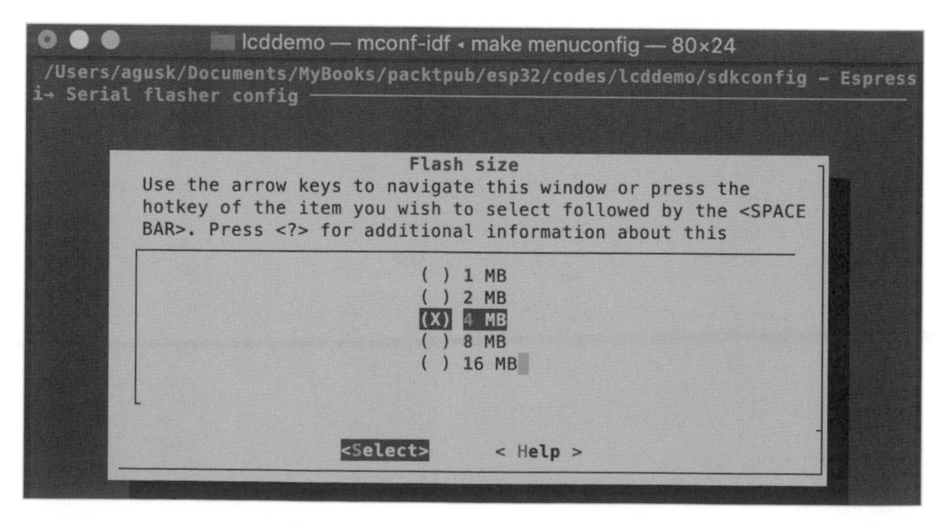

▲ 圖 2-12：選定燒錄大小為 4MB

12. 選定燒錄大小為 **4 MB**。

13. 儲存這個設定。

14. 選擇 **Exit** 來離開 `menuconfig`。

執行 menuconfig 之後會產生 `sdkconfig` 設定檔，如圖 2-13。請開啟這個檔案，檢查其中是否有 `CONFIG_SPIFFS_BASE_ADDR=0x180000` 這一行。如果其後的數值為 `180000`，請改為 `0x180000`：

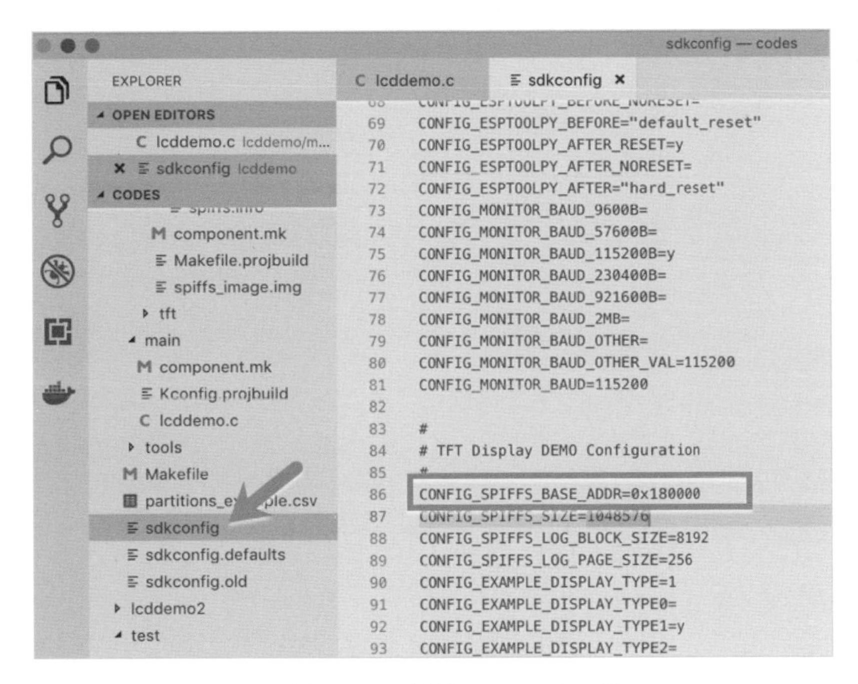

▲ **圖 2-13**：編輯 sdkconfig 檔

現在，已經可以進入下一段來進行編譯與執行了。

◉ 燒錄與執行程式

請用以指令來編譯與燒錄程式：

```
$ make flash
```

請確認 ESP32 開發板已正確接上你的電腦。如果程式順利燒錄到 ESP32 開發板的話，應該會在 LCD 看到很多圈圈，實際執行畫面如圖 2-14：

▲ 圖 2-14：顯示圓圈

好，成功在 LCD 上顯示很多圈圈了。現在要進一步了解如何在 LCD 上顯示圖檔。

◎ 顯示圖檔

如果想在 LCD 上顯示影像檔案的話，就要在程式加入想要的圖檔。本範例使用 ESP32 之 TFT 函式庫中的內建圖檔。這些檔案位於 `<project>/components/spiffs_image/image/images/` 資料夾中：

1. 繼續使用 `lcddemo` 專案，但這次要把 TFT 函式庫的 `disp_images()` 函式複製到 ESP32 函式庫中。這個函式會顯示以下圖檔：`test1.jpg`、`test2.jpg` 與 `test4.jpg`。

由已掛載的儲存裝置來載入所有影像：

```
static void disp_images() {
...
    // ** 顯示縮放後的 (1/8, 1/4, 1/2 尺寸 ) JPG 影像
    TFT_jpg_image(CENTER, CENTER, 3,
                  SPIFFS_BASE_PATH"/images/test1.jpg", NULL, 0);
    Wait(500);

    TFT_jpg_image(CENTER, CENTER, 2,
                  SPIFFS_BASE_PATH"/images/test2.jpg", NULL, 0);
    Wait(500);

    TFT_jpg_image(CENTER, CENTER, 1,
                  SPIFFS_BASE_PATH"/images/test4.jpg", NULL, 0);
    Wait(500);
```

接著，使用 TFT_jpg_image() 函式在 LCD 上顯示 JPG 影像：

```
    // ** 顯示完整尺寸的 JPG 影像
    tstart = clock();
    TFT_jpg_image(CENTER, CENTER, 0,
                  SPIFFS_BASE_PATH"/images/test3.jpg", NULL, 0);
    tstart = clock() - tstart;
    if (doprint) printf(" JPG Decode time: %u ms\r\n", tstart);
    sprintf(tmp_buff, "Decode time: %u ms", tstart);
    update_header(NULL, tmp_buff);
    Wait(-GDEMO_INFO_TIME);
```

也可以用 TFT_bmp_image() 函式在 LCD 上顯示 BMP 影像：

```
    // ** 顯示 BMP 影像
    update_header("BMP IMAGE",
    for (int scale=5; scale >= 0; scale—) {
      tstart = clock();
      TFT_bmp_image(CENTER, CENTER, scale,
                    SPIFFS_BASE_PATH"/images/tiger.bmp", NULL, 0);
      tstart = clock() - tstart;
}
else if (doprint) printf(" No file system found.\r\n");
```

如果找不到圖檔的話，在終端機顯示 No file system found 這段訊息：

```
else if (doprint) printf(" No file system found.\r\n");
```

2. 修改 tft_demo() 函式來呼叫 disp_images() 函式，如下：

```
void tft_demo() {

  .....

  // demo
  // disp_header ("Welcome to ESP32");
  // circle_demo();

  disp_images();

  while (1) {
    // do nothing
  }
}
```

3. 儲存所有檔案。

4. 編譯並把程式燒錄到 ESP32 開發板，如下：

```
$ make flash
```

5. 將圖檔以影像格式進行編譯：

```
$ make makefs
```

6. 將影像檔燒錄到 ESP32 開發板：

```
$ make flash fs
```

順利的話，就可以在 LCD 上看到這個圖檔了，如圖 2-15：

▲ **圖 2-15**：顯示圖檔

LCD 已經玩得差不多了，接下來可以開始製作天氣監控系統了。

2.6 製作天氣監控系統

本節要來做一個簡易的天氣監控系統，會用到我們到目前為止學會的內容，例如從 DHT22 感測器裝置來讀取溫濕度。最後則是在讀取感測器數值之後，把這些資料顯示在 LCD 小螢幕上。

就從建立專案開始吧。

◎ 建立專案

為了簡化這個天氣監控系統專案，在此是複製上一個 `lcddemo` 專案，並將專案改名為 `weather`。`main` 資料夾中的主程式為 `weather.c`。本專案的結構請參考圖 2-16：

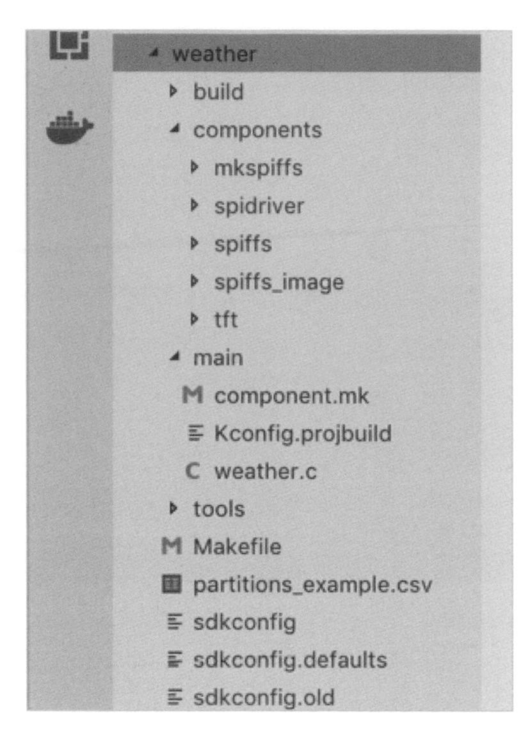

▲ **圖 2-16**：天氣系統的專案結構

接著要進行硬體接線。

◉ 硬體接線

在此的硬體接線方式請回顧 `dhtdemo` 與 `lcddemo` 專案。

DHT22 感測器模組要接到 IO26，LCD 則是接到 ESP32 開發板的 SPI 腳位。

◉ 編寫程式

1. 把 `lcddemo.c` 複製到 `weather.c` 中，接著在 `weather.c` 加入以下程式碼來讀取 DHT22 感測器模組的溫濕度。這些資料隨後會被顯示在 LCD 小螢幕上。先滙入 `dht.h` 標頭檔：

```
#include <dht.h>
static const dht_sensor_type_t sensor_type = DHT_TYPE_DHT22;
static const gpio_num_t dht_gpio = 26;
```

2. 定義 weather_system() 函式，它會運用 dht_read_data() 函式來讀取溫濕度。接著使用 TFT_print() 函式把資料顯示在 LCD 上，如下：

- 首先，初始化各個感測器變數：

```
void weather_system(){
  int y;

  disp_header("Weatehr System");

  TFT_setFont(DEFAULT_FONT, NULL);
  _fg = TFT_YELLOW;

  int16_t temperature = 0;
  int16_t humidity = 0;
  char tmp_buff[64];
```

- 再來，透過 dht_read_data() 函式來讀取 DHT 感測器，並透過 TFT_print() 函式把讀取結果顯示在 LCD 上：

```
if (dht_read_data(sensor_type, dht_gpio, &humidity, &temperature) == ESP_OK)
    {
      y = 4;
      sprintf(tmp_buff, "Temperature: %d celsius", temeprature/10);
      TFT_print(tmp_buff, 4, y);
      y += TFT_getfontheight() + 4;
      sprintf(tmp_buff, "Humidity: %d %%", humidity/10);
      TFT_print(tmp_buff, 4, y);
      update_header(NULL, "Ready");
    }else{
```

- 如果無法由裝置取得感測器資料，就在 LCD 上顯示錯誤訊息：

```
  }else{
      Update_header(NULL, "Failed to read sensor data");
  }
```

3. 在 app_main() 函式中呼叫 weather_system() 函式：

```
void app_main()
{
    ...
  Weather_system();
}
```

4. 存檔。

程式完成了，現在要編譯並把程式燒錄到 ESP32 開發板。

◉ 燒錄與執行

讀取感測器資料的程式寫好了，現在把資料顯示在 LCD 上吧。請用以下指令來編譯本程式，並燒錄到 ESP32 開發板：

```
$ make flash
```

順利的話，就可以在 LCD 小螢幕上看到溫度與濕度值了。我的輸出結果如圖 2-17：

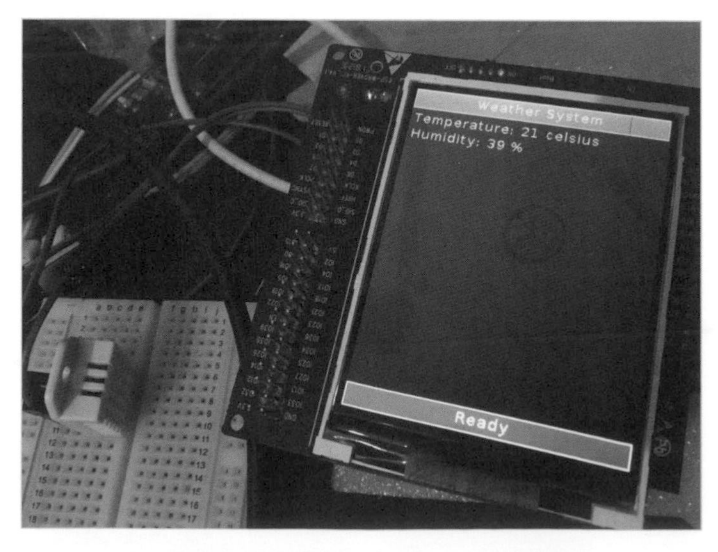

▲ 圖 2-17：在 LCD 上顯示溫度與濕度

太棒了！我們成功運用 ESP32 開發板做出一個天氣監控系統了。

2.7 總結

本章簡單介紹了何謂天氣系統。在此透過一個 ESP32 小程式搭配 DHT22 感測器模組來感測溫度與濕度。接著，我們運用 ESP32 開發板上的 LCD 小螢幕，並透過 ESP32 開發板來進行操作，把感測器所讀取的溫濕度資料顯示在這個 LCD 上。你現在已經知道如何編譯與燒錄任何程式到 ESP32 開發板上了。

下一章要用 ESP32 開發板打造一個小遊戲，也會一併介紹嵌入式遊戲系統。

2.8 延伸閱讀

以下是關於本章所提到內容的補充資料，推薦你參考：

- ESP32 MCU 資料表：

  https://www.espressif.com/en/support/download/documents/chips

- ESP-IDF 程式指南：

  https://docs.espressif.com/projects/esp-idf/en/latest/esp32/

- ESP-WROVER KIT 入門指南：

  https://docs.espressif.com/projects/esp-idf/en/latest/get-started/get-started-wrover-kit.html

CHAPTER

3

使用嵌入式 ESP32 開發板製作簡易小遊戲

本章要介紹如何使用 ESP32 開發板與一些嵌入式模組來開發小遊戲。在此要學到如何操作搖桿、按鈕、蜂鳴器與上一章用到的 LCD 小螢幕。

本章主題如下：

- 嵌入式遊戲系統
- 搖桿感測器模組
- 操作發聲蜂鳴器
- 製作簡易的嵌入式遊戲

3.1 技術要求

開始之前，請確認你已準備好以下項目：

- 安裝好作業系統的電腦，作業系統可為 Windows、Linux 或 macOS。
- 一片 ESP32 開發板，建議使用 Espressif 自家的 ESP-WROVER-KIT 開發板。

3.2 簡介嵌入式遊戲系統

本節將介紹 GameBoy 這款由任天堂公司推出的八位元掌上型遊戲機。這款遊戲機包含了搖桿、按鈕與 LCD 小螢幕。搖桿是用來移動遊戲角色，而按鈕通常是用於發射或跳躍等動作。

簡易的嵌入式遊戲系統如圖 3-1。如之前談過的功能，如果還能發出聲音的話，會讓遊戲的娛樂性更好。為此，我們會用到揚聲器這類的發聲裝置讓遊戲發出各種音效：

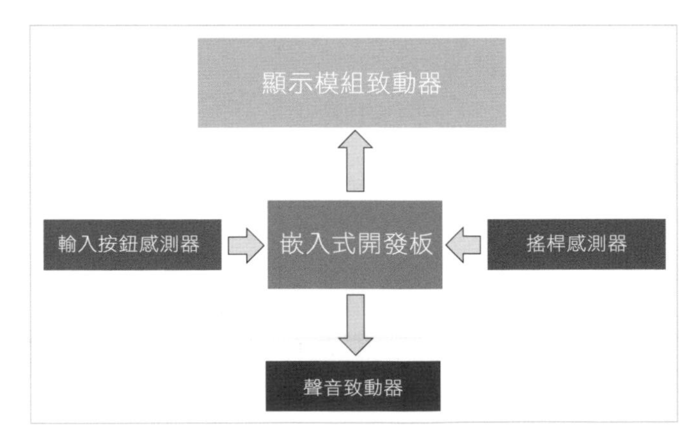

▲ **圖 3-1**：嵌入式遊戲系統的常見架構

接著要來談談搖桿感測器模組。

3.3 認識搖桿感測器模組

如果你曾經玩過在 PlayStation 或 Xbox 這類遊戲機上的遊戲，那麼你一定知道如何用搖桿來控制遊戲角色並執行各種動作。一組類比搖桿通常會具備兩個電位計，代表這款感測器會產生一個代表 2D 方向的點。

AliExpress 與 Alibaba 這類線上商店很容易找到各種平價的類比搖桿感測器。其中一款類比搖桿就是 SparkFun 的 Thumb Joysitck，購買連結如下：

`https://www.sparkfun.com/products/9032`

本裝置實體照片如圖 3-2：

▲ **圖 3-2**：簡易搖桿感測器

類比搖桿通常都有 5 支腳位：VCC、GND、Vx、Vy 與 SW。Vx 與 Vy 腳位代表本裝置的方向（軸向）數值。

另一個選項是採用搖桿模組，是指可直接用於開發板的完整模組。SparkFun 搖桿擴充板套件的連結請參考：

https://www.sparkfun.com/products/9760

本套件的照片如圖 3-3：

▲ **圖 3-3**：SparkFun 的搖桿模組

技術上來說，類比搖桿可定義如圖 3-4。類比搖桿的動作是 2D 平面式的。如果向左推動搖桿，Vx 就會接近 0。反之則會使 Vy 發生變化，如下圖：

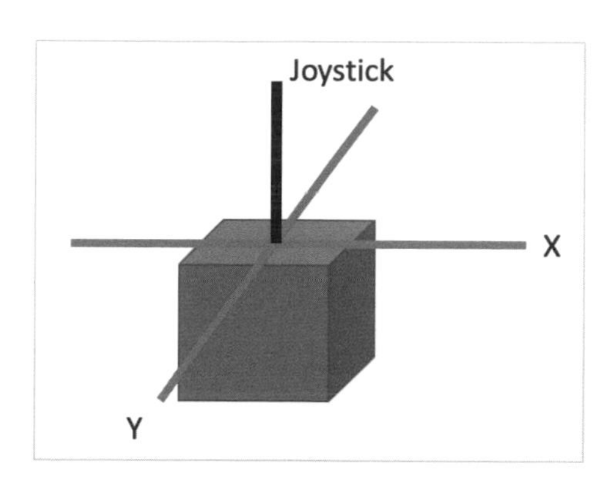

▲ **圖 3-4**：搖桿方向示意圖

接著要實作 ESP32 程式來操作搖桿感測器。

操作搖桿感測器模組

把類比搖桿接上 ESP32 相當簡單，只要把它接到板子的類比腳位就好。ESP32 有兩個類比腳位：ADC1 與 ADC2，以及其他通道。ESP32 的類比腳位與通道請參考圖 3-5：

Signal	Pin
ADC1_CH0	SENSOR_VP
ADC1_CH3	SENSOR_VN
ADC1_CH4	IO32
ADC1_CH5	IO33
ADC1_CH6	IO34
ADC1_CH7	IO35
ADC2_CH0	IO4
ADC2_CH1	IO0
ADC2_CH2	IO2
ADC2_CH3	IO15
ADC2_CH4	IO13
ADC2_CH5	IO12
ADC2_CH6	IO14
ADC2_CH7	IO27
ADC2_CH8	IO25
ADC2_CH9	IO26

▲ **圖 3-5**：ESP32 板子的 ADC 腳位配置

有些板子的 ADC2 腳位會被用於 Wi-Fi 這類的內部裝置。如 ESP-WROVER-KIT 開發板的 GPIO 0、2、4 與 15 腳位就無法用於 ADC，因為它們已經被用於其他用途。

◉ 硬體接線

本節要介紹把類比搖桿接上 ESP32 開發板的硬體接線方式。為了示範方便，我還是會採用 ESP-WROVER-KIT v4.1 開發板。請根據以下說明把類比搖桿接上你的 ESP32：

- 類比搖桿 5V 接到 ESP32 5V
- 類比搖桿 GND 接到 ESP32 GND
- 類比搖桿 Vx 接到 ESP32 IO35 (ADC1 7)
- 類比搖桿 Vy 接到 ESP32 IO15 (ADC2 通道 3)

硬體接線示意圖如圖 3-6：

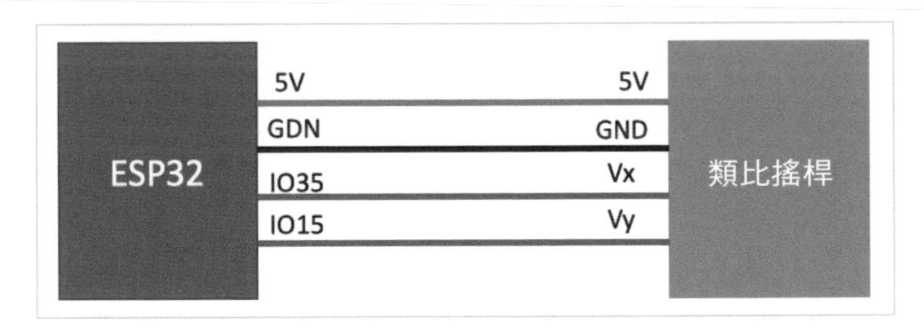

▲ **圖 3-6**：ESP32 與類比搖桿接線示意圖

接著要來設計可讀取類比搖桿狀態的 ESP32 專案了。

◉ 建立專案

本節將建立一個名為 joystickdemo 的專案。請根據與第 2 章「在 LCD 上視覺化呈現資料與動畫」中的天氣專案相同的做法來建立本專案。專案結構如圖 3-7：

▲ **圖 3-7**：joysitckdemo 的專案結構

主程式為 joystickdemo.c，在此可以複製第 2 章「在 LCD 上視覺化呈現資料與動畫」中天氣專案中的 weather.c 的檔案內容。

接著，要來編寫 joystickdemo.c 了。

◉ 編寫程式

本程式可以透過 ADC 腳位來讀取類比搖桿的 x 與 y 位置，接著把這些位置顯示在 LCD 上。

首先要修改 tft_demo() 函式，我們會在 tft_demo() 函式中呼叫 joystick_demo()，如下：:

```
void tft_demo() {

   ...

   joystick_demo();
}
```

在此宣告了 joystick_demo() 函式並透過 ADC 通道來讀取類比搖桿狀態並將 ADC 的讀取結果顯示在 LCD 小螢幕上。請根據以下步驟來取得 ADC1 的類比資料：

- 使用 adc1_config_width() 函式來設定 ADC 位元長度
- 使用 adc1_config_channel_atten() 函式來設定 ADC 衰減
- 使用 adc1_get_raw() 函式來取得 ADC 數值

針對 ADC2 就不用呼叫 adc1_config_width() 函式了，反之，我們要搭配 ADC 位元長度參數來呼叫 adc2_get_raw()。

joystick_demo() 函式的完整內容如下：

```
static void joystick_demo()
{
  int y;
  TFT_resetclipwin();
  adc1_config_width(ADC_WIDTH_12Bit);

  adc1_config_channel_atten(ADC1_CHANNEL_7, ADC_ATTEN_11db);
  adc2_config_channel_atten(ADC2_CHANNEL_3, ADC_ATTEN_11db);
  disp_header("JOYSTIK DEMO");
  update_header(NULL, "Move your joystick");
  char tmp_buff[64];
  int joyX, joyY;
  while (1) {
    joyX = adc1_get_raw(ADC1_CHANNEL_7);
    adc2_get_raw(ADC2_CHANNEL_3, ADC_WIDTH_12Bit, &joyY);
    y = 4;
    sprintf(tmp_buff, "x: %d y: %d ", joyX, joyY);
    TFT_print(tmp_buff, 4, y);
```

```
    vTaskDelay(500 / portTICK_PERIOD_MS);

    // 清除文字
    TFT_clearStringRect(4, y, tmp_buff);
    tmp_buff[0]='\0';
  }
}
```

儲存程式。完成之後，就可以編譯程式並燒錄到 ESP32 開發板了。

◉ 執行程式

請輸入以下指令，把 joystickdemo 程式編譯並燒錄到 ESP32：

```
$ make flash
```

請確認 ESP32 序列埠設定正確。

燒錄完成之後，LCD 小螢幕應該會出現一些東西。請操作類比搖桿來移動小圓點在 LCD 上的位置。LCD 的實際操作照片如圖 3-8：

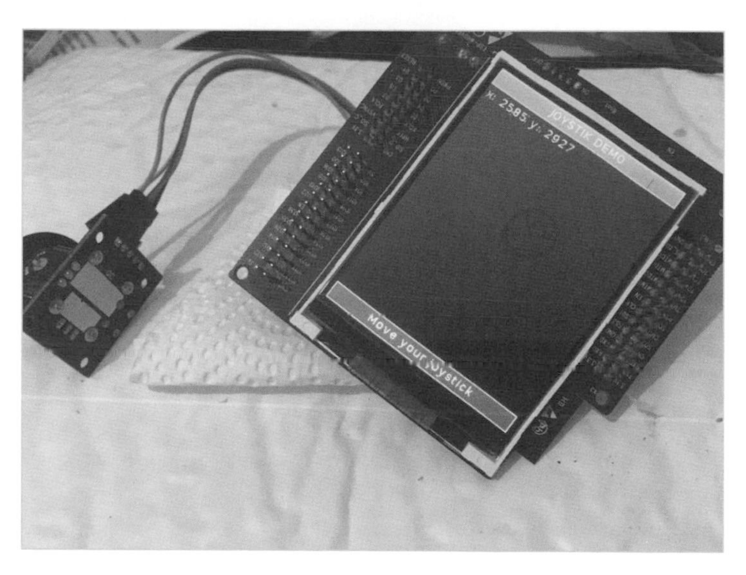

▲ **圖 3-8**：joystickdemo 專案的實際 LCD 操作畫面

範例執行影片請參考我的 YouTube：

https://youtu.be/lIVEkXa16Fg

接著，來看看如何透過開發板來操作發聲蜂鳴器。

3.5 操作發聲蜂鳴器

本節要介紹如何發出聲音。多數遊戲都會提供一定的背景音效。我們可運用發聲蜂鳴器作為簡易的發聲裝置。我們可採用 SparkFun 的這款 Mini Speaker (12mm, 2.048kHz)，產品連結請參考：

https://www.sparkfun.com/products/7950

實體照片如圖 3-9，在 AliExpress 上可以找到很多其他型號的便宜發聲蜂鳴器：

▲ 圖 3-9：SparkFun 的 Mini Speaker

接著，要把發聲蜂鳴器接上 ESP32 開發板。

◉ 發聲蜂鳴器接上 ESP32

發聲蜂鳴器具備兩支腳位。一支腳位要接到 ESP32 的 GPIO，另一支則是接到 GND。在此把發聲蜂鳴器接到 ESP32 的 IO27，如下圖：

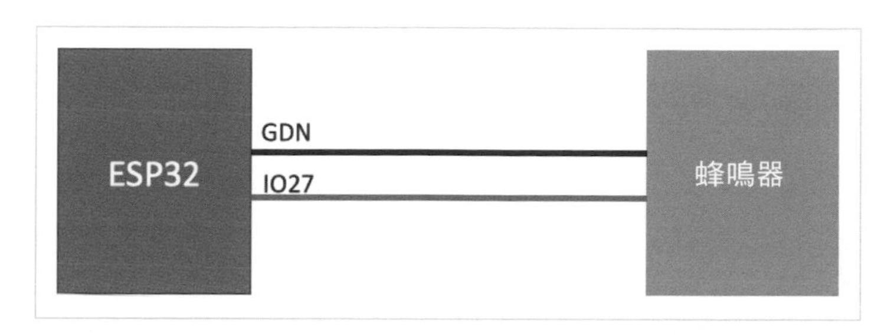

▲ **圖 3-10**：發聲蜂鳴器與 ESP32 接線示意圖

接著要寫一個小程式來操作發聲蜂鳴器。

◉ 編寫 ESP32 程式來操作發聲蜂鳴器

本節要建立一個名為 buzzer 的專案，專案結構如圖 3-11。主程式為 buzzer.c：

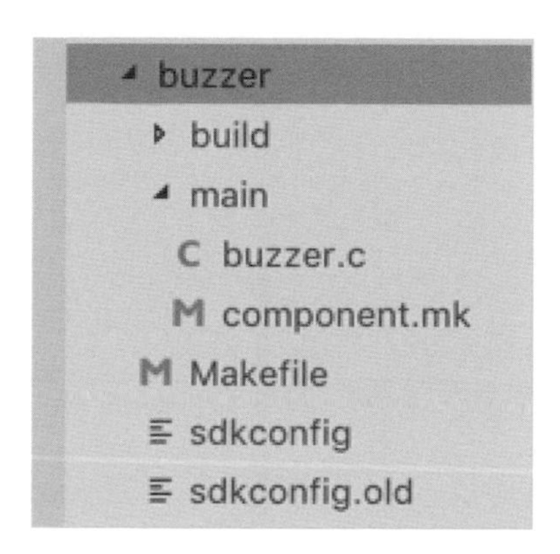

▲ **圖 3-11**：buzzer 專案結構

首先宣告所有要用到的標頭檔，並定義 IO27 是用於發聲蜂鳴器：

```
#include <stdio.h>
#include "freertos/FreeRTOS.h"
#include "freertos/task.h"
#include "driver/gpio.h"
#include "sdkconfig.h"

#define BUZZER 27
```

另外也定義在 app_main() 函式中的主進入點，其中會呼叫 buzzer_task() 函式：

```
void app_main()
{
    xTaskCreate(&buzzer_task, "buzzer_task", configMINIMAL_STACK_SIZE,
NULL, 5, NULL);
}
```

技術上來說，我們是對 IO27 賦予高電位來產生聲音，可運用 gpio_set_level() 函式。buzzer_task() 函式的實作如下：

```
void buzzer_task(void *pvParameter)
{
    // 設定 GPIO 腳位編號與輸出模式
    gpio_pad_select_gpio(BUZZER);
    gpio_set_direction(BUZZER, GPIO_MODE_OUTPUT);

    int sounding = 1;
    while(1) {

        if(sounding==1){
            gpio_set_level(BUZZER, 1);
            sounding = 0;
        }
        else {
            gpio_set_level(BUZZER, 0);
            sounding = 1;
        }
        vTaskDelay(1000 / portTICK_PERIOD_MS);
    }
}
```

存檔之後，就可編譯並把程式燒錄到 ESP32 開發板了。都完成之後，你應該會聽到蜂鳴器發出聲響才對。

3.6 範例｜製作簡易嵌入式遊戲

本節要做一個簡易小遊戲，為此需要整合之前操作 LCD、類比搖桿與發聲蜂鳴器的相關經驗。在此會製作一個打球遊戲，一樣使用 ESP-WROVER-KIT ESP32 開發板來實作這個遊戲專案，開始吧！

◉ 遊戲情境

每個遊戲都有情境，有些遊戲還會定義使用者的等級。本專案也會建立一個簡易遊戲情境。這款遊戲的流程圖如圖 3-12：

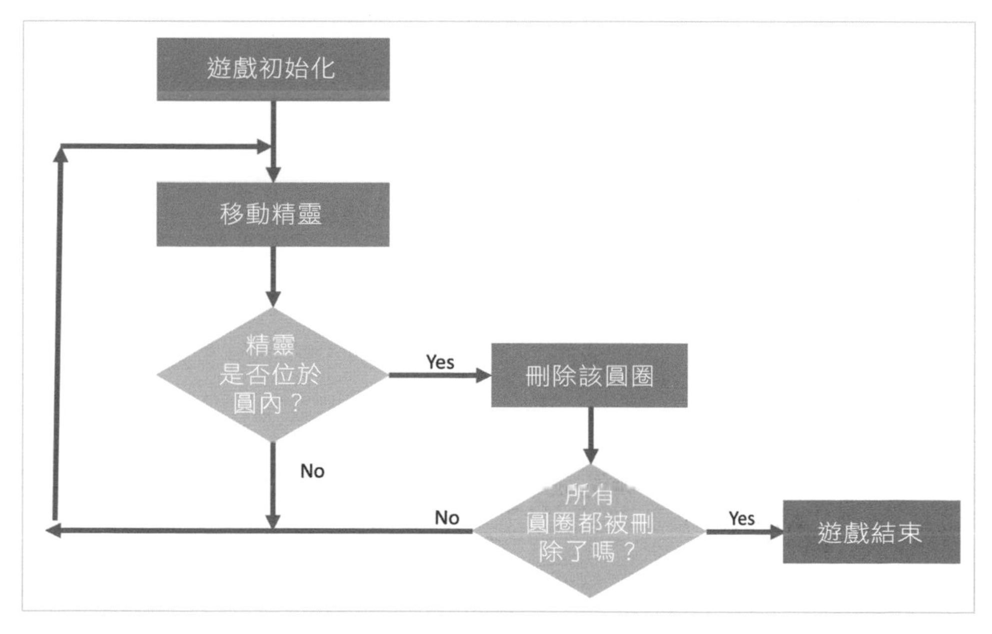

▲ **圖 3-12**：打球遊戲的遊戲情境

遊戲情境的製作步驟如下：

1. 遊戲一開始會出現一個隨機半徑的圓圈。這些圓圈是以精靈（sprite）的方式來呈現。
2. 設定球形精靈的位置於指定座標。
3. 使用者可操作類比搖桿來移動球形精靈。
4. 如果球跑到了圓圈裡面，讓發聲蜂鳴器發出聲響數秒鐘。
5. 如果並非如此，則無反應。
6. 如果所有圓圈都被刪除則代表遊戲完成，在 LCD 上顯示 `Game over`。

接著，要進行硬體接線並編寫遊戲程式了。

◉ 硬體接線

在此要整合 `joystick` 與 `buzzer` 專案的接線，請回顧本章先前的說明。

◉ 開發遊戲程式

現在，請建立一個名為 `game` 的專案。請複製第 2 章的天氣專案，專案結構如圖 3-13：

▲ **圖 3-13**：遊戲的專案結構

有個簡單的方法來偵測球形精靈與圓圈是否發生碰撞。這需要計算精靈自身位置與圓心之間的距離，接著把點到圓心的距離與圓半徑進行比較，如果距離短於圓半徑，代表球形精靈位於圓圈之中。請參考圖 3-14：

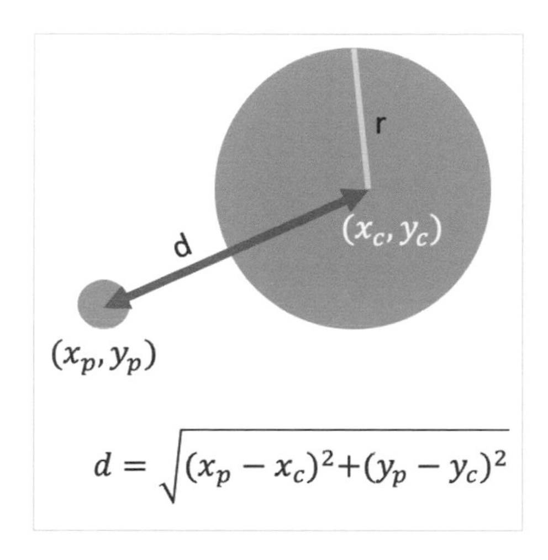

▲ **圖 3-14**：偵測碰撞的公式

現在要修改 game.c 中的 tft_demo() 函式。我們會在 tft_demo() 函式的最後呼叫 game_demo() 函式，如下：

```
void tft_demo() {

    …
    game_demo();
}
```

本專案的遊戲情境是在 game_demo() 函式中實作：

1. 首先，初始化所有圓圈、ADC 與發聲蜂鳴器，如下：

```
static void game_demo()
{
  int x, y, r, i, n;
  n = 10;
  Circle_Sprite circles[n];
```

```
// 初始化 ADC
adc1_config_width(ADC_WIDTH_12Bit);
    adc1_config_channel_atten(ADC1_CHANNEL_7, ADC_ATTEN_11db);
    adc2_config_channel_atten(ADC2_CHANNEL_3, ADC_ATTEN_11db);

// 設定蜂鳴器之 GPIO 腳位編號與模式
    gpio_pad_select_gpio(BUZZER);
    gpio_set_direction(BUZZER, GPIO_MODE_OUTPUT);

// 初始化螢幕
TFT_resetclipwin();
disp_header("Circle Game Demo");
update_header(NULL, "Move your joysitck to circle");
```

2. 隨機指定所有圓圈的位置與半徑，並把所有圓圈的資料存在 circles[] 清單，如下：

```
// 產生圓圈
for(i=0;i<n;i++){
  x = rand_interval(16, dispWin.x2-16);
  y = rand_interval(32, dispWin.y2-32);

  r = rand_interval(8, 16);
  color_t c = random_color();
  TFT_fillCircle(x,y,r,c);
  circles[i].x = x;
  circles[i].y = y;
  circles[i].r = r;
  circles[i].deleted = 0;
  circles[i].color = c;
}
```

3. 在 x=100 與 y=100 位置顯示使用者可操控的球形精靈：

```
int joyX, joyY;
int running = 1;
r = 8;
int curr_x = 100, curr_y = 100;
int cx = 151, cy = 212;

TFT_fillCircle(curr_x,curr_y,r,TFT_RED);
vTaskDelay(1000 / portTICK_PERIOD_MS);
```

```
TFT_drawCircle(curr_x,curr_y,r,TFT_BLACK);

char tmp_buff[64];
int sound = 0;
```

4. 現在建立一個 while() 迴圈。為此需要讀取類比搖桿狀態，並根據其數值來改變球形精靈的位置。

   另外也會呼叫 check_insideCircle() 函式來偵測精靈是否發生碰撞。如果發生碰撞，就從畫面上刪除那個圓圈。

   如果 精靈超出 LCD 邊界的話，就藉由設定 curr_x 與 curr_y 將精靈固定在 LCD 最邊邊的地方。

5. 最後，如果所有圓圈都被碰撞過的話，遊戲結束：

```
while(running){
   joyX = adc1_get_raw(ADC1_CHANNEL_7);
   adc2_get_raw(ADC2_CHANNEL_3,ADC_WIDTH_12Bit, &joyY);

   joyX = map_to_scren(joyX,0,4095,0,dispWin.x2);
   joyY = map_to_scren(joyY,0,4095,0,dispWin.y2);
   // 檢查點在畫面上的位置
   curr_x = curr_x + joyX - cx;
   curr_y = curr_y + joyY - cy;
```

檢查球形精靈是否超出畫面，並調整對應數值將其保持在畫面中。

```
if(curr_x<8)
   curr_x = 8;
if(curr_x>(dispWin.x2-8))
   curr_x = dispWin.x2 - 8;
if(curr_y<32)
   curr_y = 32;
if(curr_y>(dispWin.y2-32))
   curr_y = dispWin.y2-32;
```

6. 掃描 circles[] 陣列中的所有圓圈，並忽略先前已經刪除的那個圓圈，這需要檢查球形精靈是否位於目標的圓圈之中，這會用到 check_insideCircle() 函式。如果兩者碰撞了，我們會根據已儲存的座標將這個圓圈填滿黑色 (TFT_BLACK)，也就是與背景相同的顏色，這樣就能產生圓圈消失的效果。

```
// 檢查球形精靈是否位於圓內
for(i=0;i<n;i++){
   if(circles[i].deleted == 1)
      continue;
   if(check_insideCircle(curr_x,curr_y,circles[i])==1){
      gpio_set_level(BUZZER, 1);
      sound = 1;
      circles[i].deleted = 1;
      TFT_fillCircle(circles[i].x,circles[i].y,circles[i].r,TFT_BLACK);
      break;
   }
}
TFT_fillCircle(curr_x,curr_y,r,TFT_RED);
```

7. 將顏色改為黃色，再改回黑色。接著，透過蜂鳴器發出短嗶聲。

```
_fg = TFT_YELLOW;
sprintf(tmp_buff, "x: %d y: %d ", curr_x,curr_y);
TFT_print(tmp_buff, 4, 4);
vTaskDelay(200 / portTICK_PERIOD_MS); TFT_fillCircle(curr_x,curr_y,r,TFT_
BLACK);
_fg = TFT_BLACK;
TFT_print(tmp_buff, 4, 4);
if(sound==1){
  gpio_set_level(BUZZER, 0);
  sound = 0;
}
```

如果這是畫面上最後一個圓圈的話，代表遊戲結束，因為所有的圓圈都被打完了：

```
// 檢查遊戲是否結束
int nn = 0;
for(i=0;i<n;i++){
    if(circles[i].deleted == 1)
      nn++;
```

```
  }
  if(nn==n)
    break;
}
```

8. 到了過關階段，使用 TFT_print() 函式在 LCD 小螢幕上顯示 Game Over，如下：

```
  TFT_resetclipwin();
  disp_header("ESP32 Game DEMO");
  TFT_setFont(COMIC24_FONT, NULL);
  int tempy = TFT_getfontheight() + 4;
  _fg = TFT_ORANGE;
  TFT_print("ESP32-", CENTER, (dispWin.y2-dispWin.y1)/2 - tempy);
  TFT_setFont(UBUNTU16_FONT, NULL);
  _fg = TFT_CYAN;
  TFT_print("Game Over", CENTER, LASTY+tempy);
  tempy = TFT_getfontheight() + 4;
  TFT_setFont(DEFAULT_FONT, NULL);
  while(1){

  }
}
```

check_insideCircle() 函式中實作了物件的碰撞偵測，應用了圖 3-14 的公式。程式碼實作於 check_insideCircle() 函式中，如下：

```
int check_insideCircle(int x, int y, Circle_Sprite sp){
  int d = sqrt(pow(x-sp.x,2)+pow(y-sp.y,2));

  if(d<=sp.r)
    return 1;
  else{
    int rr = d - sp.r - 8;
    if(rr<=0)
      return 1;
    else
      return 0;
  }
}
```

9. 儲存程式。

現在可以編譯，並把程式燒錄到 ESP32 開發板了。

◉ 進行遊戲

編譯並把本專案燒錄到 ESP32。

進行遊戲時，請控制球形精靈去撞擊所有的圓圈。如果所有的圓圈都打光了，遊戲就過關啦！本專案的實際執行畫面如圖 3-15：

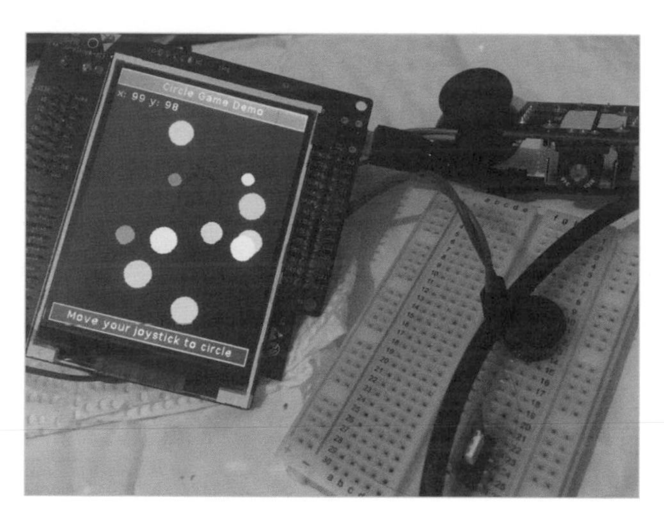

▲ 圖 3-15：打球遊戲

遊戲的實際操作影片請參考我的 YouTube：

https://youtu.be/sXmZ1pJ_l1E

3.7 總結

本章學會了如何操作類比搖桿來控制動作，以及運用發聲蜂鳴器這類的簡易發聲裝置來製作一個小遊戲 – 打完所有的圓圈就過關。

下一章要製作感測器監控紀錄器！

CHAPTER

感測器監控紀錄器

把感測器資料儲存於外部儲存裝置能讓我們的 IoT 系統更可靠。本章要介紹如何把感測器資料儲存於 SD 卡與 microSD 這類的外部儲存裝置。

本章主題如下：

- 簡介感測器監控紀錄器
- 由 ESP32 來讀寫 microSD 卡
- 儲存感測器資料於外部儲存裝置
- 製作簡易感測器監控紀錄器

4.1 技術需求

開始之前，請確認你已準備好以下項目：

- 安裝好作業系統的電腦，作業系統可為 Windows、Linux 或 macOS。
- 一片 ESP32 開發板，建議使用 Espressif 自家的 ESP-WROVER-KIT 開發板。

4.2 簡介感測器監控紀錄器

紀錄系統是指可以寫入各種資料與資訊的系統。

這裡所說的資料與資訊包含了感測器資料、系統事件與錯誤訊息。所有資料與資訊通常會儲存在某種外部儲存裝置中，例如 SD 卡、microSD 卡或硬碟。

一般來說，紀錄系統的功能可如下圖所示。一個 MCU 在連接了某種感測器之後，就可以偵測像是溫度與濕度的變化。這些感測器資料也可以儲存在外部儲存裝置中：

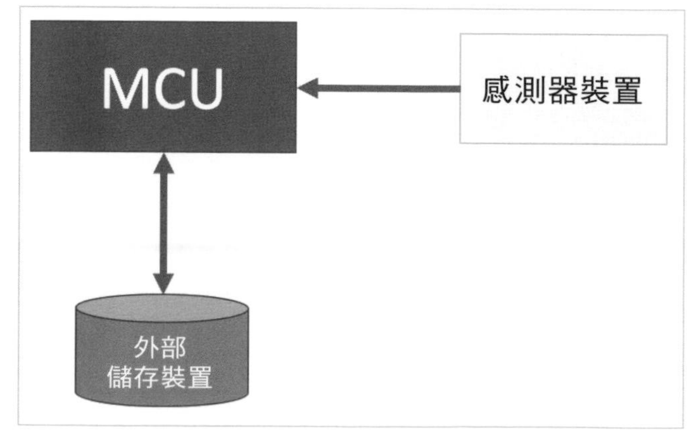

▲ **圖 4-1**：紀錄系統示意圖

本章會介紹如何透過 ESP32 開發板來操作外部儲存裝置，並製作一個簡易的紀錄系統把感測器資料儲存於外部儲存裝置。

4.3 用 ESP32 讀寫 microSD 卡

要操作 SD 或 microSD 卡這類外部儲存裝置時，需要用到 SD/microSD 讀寫模組。我們會把這個模組透過 ESP32 開發板的 SPI 與 SDMC 腳位來彼此連接。

SD/microSD 讀寫模組在網路上很容易買到，例如 SparkFun 的 microSD Transflash Breakout，只要把 microSD 記憶卡插入該模組就可以使用，產品連結如下：

`https://www.sparkfun.com/products/544`

SparkFun microSD Transflash Breakout 的實體照片如下圖：

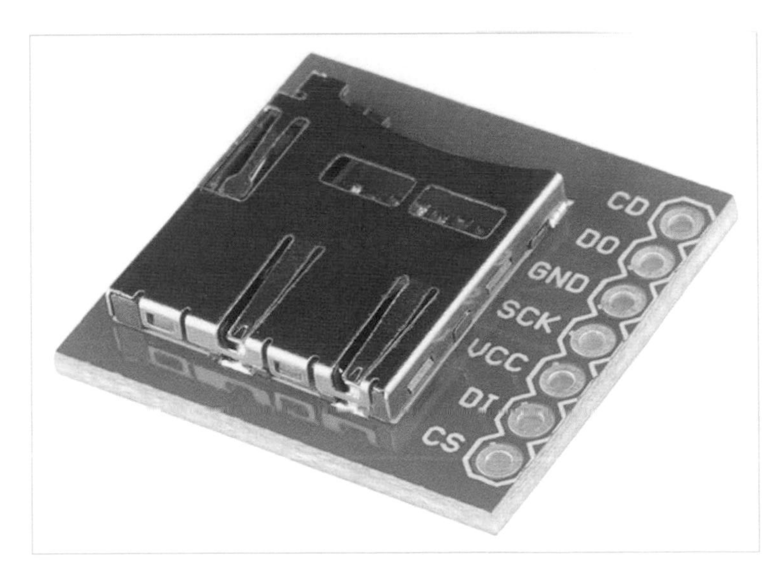

▲ 圖 4-2：SparkFun microSD Transflash Breakout 讀寫模組

如果你想用 SD 大卡的話，就要選用針對 SD 卡的讀寫模組，例如 SparkFun 的 SD/MMC 卡讀寫模組，產品連結如下：

https://www.sparkfun.com/products/12941

SparkFun SD/MMC 卡讀寫模組實體照片如下圖：

▲ 圖 4-3：SparkFun SD/MMC Card 讀寫模組

接著，要編寫 ESP32 程式來讀寫 microSD 卡。

4.4 範例｜ESP32 讀寫 microSD 卡

本節要寫一個 ESP32 小程式來讀寫 microSD 卡。本範例一樣採用 ESP-WROVER-KIT v4 開發板。最棒的是 ESP-WROVER-KIT v4 板子上就有內建的 microSD 卡讀寫模組，直接連到其 SDMMC 腳位。

你當然要把 microSD 卡讀寫模組接上 ESP32 開發板才能執行本範例，另外還需要小容量的 microSD 卡，例如 1、2 或 4 GB。你的 microSD 卡必須為 FAT 格式。

本範例會在 microSD 卡中建立一個名為 test.txt 的檔案，接著讀取該檔案內容並顯示於序列終端機上。

現在，建立一個名為 sdcard 的 ESP32 專案，主程式為 sdcard.c，路徑當然也是在 main 資料夾中。首先要宣告所有要用到的標頭檔，包括 sdmmc 與 sdspi：

```
#include <stdio.h>
#include <string.h>
#include <sys / unistd.h>
#include <sys / stat.h>
#include "esp_err.h"
#include "esp_log.h"
#include "esp_vfs_fat.h"
#include "driver/sdmmc_host.h"
#include "driver/sdspi_host.h"
#include "sdmmc_cmd.h"
```

根據你採用的 microSD 卡讀寫模組型號，可透過 SPI 或 SDMMC 腳位來連接這款模組。如果你是透過 SPI 腳位來連接 microSD 卡讀寫模組，就需要在程式碼中定義 SPI 腳位，如以下 USE_SPI_MODE：

```
// 請取消以下這行的註解來啟用 SPI 模式：
// #define USE_SPI_MODE

#ifdef USE_SPI_MODE
#definePIN_NUM_MISO 2
#definePIN_NUM_MOSI 15
#definePIN_NUM_CLK 14
#definePIN_NUM_CS 13
#endif //USE_SPI_MODE
```

根據你的硬體設定來修改 SPI 腳位編號，透過 SPI 連線來操作 microSD 卡，這些腳位包含 PIN_NUM_MISO、PIN_NUM_MOSI、PIN_NUM_CLK 與 PIN_num_cs。

現在要完成 app_main() 函式的內容，首先，初始化透過 SPI 或 SDMMC 來操作 microSD 卡的 GPIO 腳位：

```
void app_main(void)
{
    ESP_LOGI(TAG, "Initializing SD card");
#ifndef USE_SPI_MODE
    ESP_LOGI(TAG, "Using SDMMC peripheral");
    sdmmc_host_t host = SDMMC_HOST_DEFAULT();
    sdmmc_slot_config_t slot_config = SDMMC_SLOT_CONFIG_DEFAULT();

    gpio_set_pull_mode(15, GPIO_PULLUP_ONLY); // CMD, 用於 4 線與單線模式
    gpio_set_pull_mode(2, GPIO_PULLUP_ONLY); // D0, 用於 4 線與單線模式
    gpio_set_pull_mode(4, GPIO_PULLUP_ONLY); // D1, 只用於 4 線模式
    gpio_set_pull_mode(12, GPIO_PULLUP_ONLY); // D2, 只用於 4 線模式
    gpio_set_pull_mode(13, GPIO_PULLUP_ONLY); // D3, 用於 4 線與單線模式

#else
    ESP_LOGI(TAG, "Using SPI peripheral");

    sdmmc_host_t host = SDSPI_HOST_DEFAULT();
    sdspi_slot_config_t slot_config = SDSPI_SLOT_CONFIG_DEFAULT();
    slot_config.gpio_miso =PIN_NUM_MISO;
    slot_config.gpio_mosi =PIN_NUM_MOSI;
    slot_config.gpio_sck =PIN_NUM_CLK;
    slot_config.gpio_cs =PIN_NUM_CS;
#endif //USE_SPI_MODE
```

接著使用 esp_vfs_fat_sdmmc_mount() 函式把 microSD 掛載上 ESP32，我們會把 microSD 卡掛載為 "/sdcard" 磁碟。如果成功把 microSD 掛載到 ESP32 的話，請用 sdmmc_card_print_info() 在終端機中顯示 miroSD 相關資訊：

```
    // 掛載檔案系統的各個選項
    esp_vfs_fat_sdmmc_mount_config_t mount_config = {
        .format_if_mount_failed = false, .max_files = 5,
        .allocation_unit_size = 16 * 1024
    };

    sdmmc_card_t* card;
    esp_err_t ret = esp_vfs_fat_sdmmc_mount("/sdcard", &host, &slot_config,
&mount_config, &card);

    if (ret != ESP_OK) {
        if (ret == ESP_FAIL) {
            ESP_LOGE(TAG, "Failed to mount file system. "
                "If you want the card to be formatted, set format_if_mount_failed
= true.");
        } else {
            ESP_LOGE(TAG, "Failed to initialize the card (%s). "
                "Make sure SD card lines have pull-up resistors in place.", esp_
err_to_name(ret));
        }
        return;
    }

    // 記憶卡已初始化，顯示其屬性
    sdmmc_card_print_info(stdout, card);
```

這時候，程式已經掛載好 microSD 儲存裝置，我們可以讀寫它了。在此會用到 C 語言中的標準檔案語法，例如 fopen()、fprintf() 與 fclose() 函式來操作檔案。

以下程式是用來新建檔案、將資料寫入檔案並讀取檔案內容：

```
// 使用 POSIX 與 C 標準函式庫來操作檔案
// 首先建立一個檔案
ESP_LOGI(TAG, "Opening file");
FILE* f = fopen("/sdcard/test.txt", "w");
if (f == NULL) {
    ESP_LOGE(TAG, "Failed to open file for writing");
    return;
}
ESP_LOGI(TAG, "Writing data into a file");
fprintf(f, "Hello %s!\n", card->cid.name);
fprintf(f, "This is the content 1\n");
fprintf(f, "This is the content 2\n");
fclose(f);
ESP_LOGI(TAG, "File written");

// 開啟重新命名後的檔案並讀取內容
ESP_LOGI(TAG, "Reading file");
f = fopen("/sdcard/test.txt", "r");
if (f == NULL) {
    ESP_LOGE(TAG, "Failed to open file for reading");
    return;
}
char line[64];
while (fgets(line, sizeof(line), f) != NULL){
    ESP_LOGI(TAG, "Read from file: '%s'", line);
}
fclose(f);
```

最後，當不再需要存取檔案時，就要把 microSD 儲存裝置從 ESP32 板子卸載。可呼叫 `esp_vfs_fat_sdmmc_unmount()` 函式來卸載 microSD 記憶卡：

```
esp_vfs_fat_sdmmc_unmount();
ESP_LOGI(TAG, "Card unmounted");
```

將程式存檔為 `sdcard.c` 即可。

編譯並燒錄 sdcard 專案到你的 ESP32 開發板。測試時，請開啟 CoolTerm 這類的序列通訊軟體來連線到 ESP32 開發板，應該會在序列終端機中看到如下圖的輸出畫面：

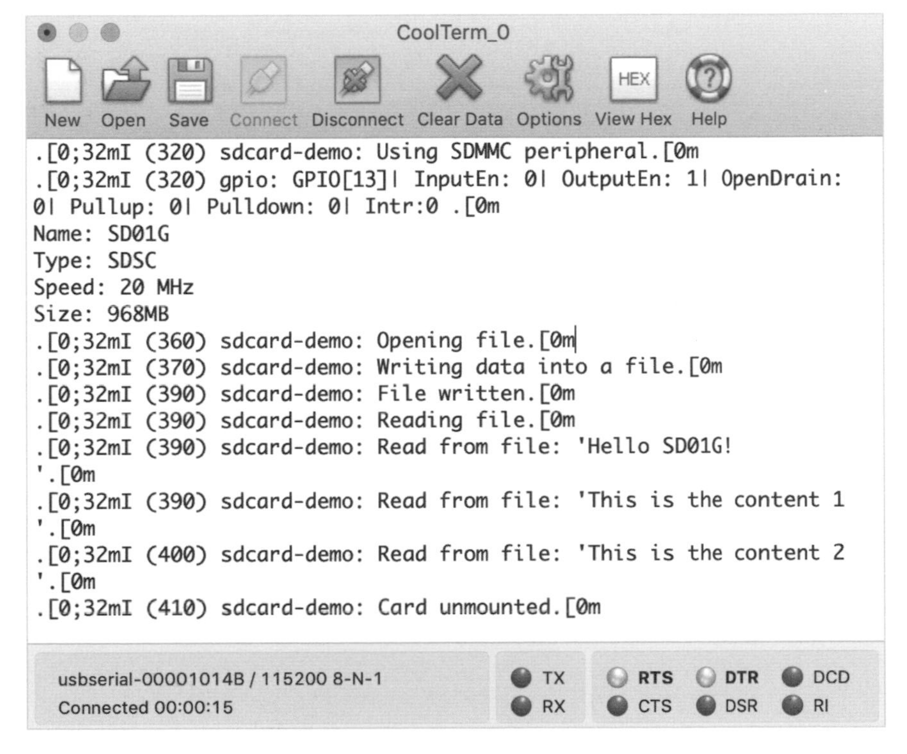

▲ **圖 4-4**：sdcard 專案的輸出畫面

把 microSD 卡從 ESP32 開發板拔下來並插入電腦之後，應可在其中看到 test.txt 檔，檔案內容應如下：

```
Hello <sdcard_id>
This is the content 1
This is the content 2
```

其中，<sd card_id> 代表你的儲存裝置 ID。

4.5 儲存感測器資料於 microSD 卡

技術上來說，我們可以把任何指定的資料存在 SD 卡與 microSD 卡中，當然也可以把感測器資料儲存於外部儲存裝置。

為了示範，我們要用 DHT 感測器來偵測溫度與濕度變化，硬體接線方式請參考第 2 章「**在 LCD 上視覺化呈現資料與動畫**」中的 dhtdemo 專案。本專案的情境是先偵測溫濕度變化，再把資料儲存在 microSD 卡中。

複製上一個 sdcard 專案並將其改名為 sdcarddht。其中的主程式也要由原本的 sdcard.c 改名為 sdcardht.c。在此要修改的地方是呼叫 dht_read_data() 函式來讀取 DHT 感測器的溫溼度數值。取得感測器資料之後，將其儲存在 sensor.txt 檔案中：

```
ESP_LOGE(TAG, "Reading sensor data");

if (dht_read_data(sensor_type, dht_gpio, &humidity, &temperature) == ESP_OK)
{
    printf("Humidity: %d%% Temp: %d^C\n", humidity / 10, temperature / 10);
    FILE* f = fopen("/sdcard/sensor.txt", "a");
    if (f == NULL) {
        ESP_LOGE(TAG, "Failed to open file for writing");
        return;
    }
    fprintf(f, "Humidity: %d%% Temp: %d^C\n", humidity / 10, temperature / 10);
    fclose(f);
}
else
    printf("Could not read data from sensor\n");
```

現在，儲存程式。

編譯並把程式燒錄到 ESP32 板子上。開啟序列通訊軟體來看看 sdcardht 專案的輸出結果，如下圖：

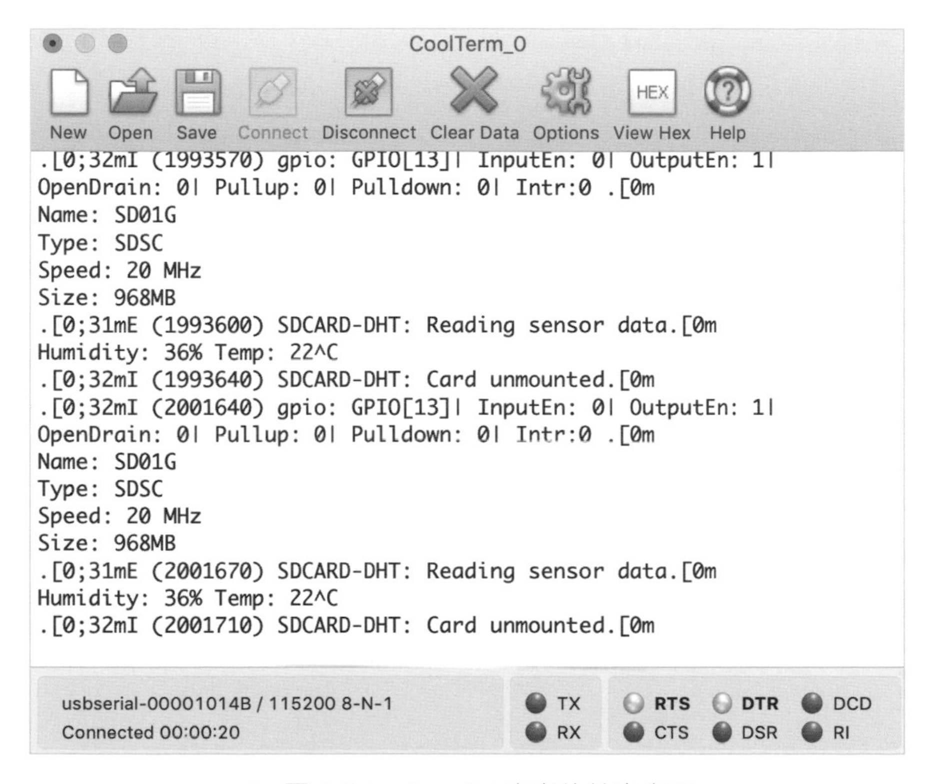

▲ **圖 4-5**：sdcardht 專案的輸出畫面

4.6 專案｜製作感測器監控紀錄器

本節要製作一個感測器監控紀錄器，會用到 ESP32 開發板與 DHT 感測器。在此，所有的感測器資料都會被儲存在 microSD 卡中的 CSV 檔裡面。後續可用 Excel 這類軟體來視覺化呈現感測器資料。

開始吧！

◉ 設計程式

技術上來說，本紀錄器專案的流程圖如下圖。在此會運用 ESP32 晶片的深度休眠功能來操作其休眠模式：

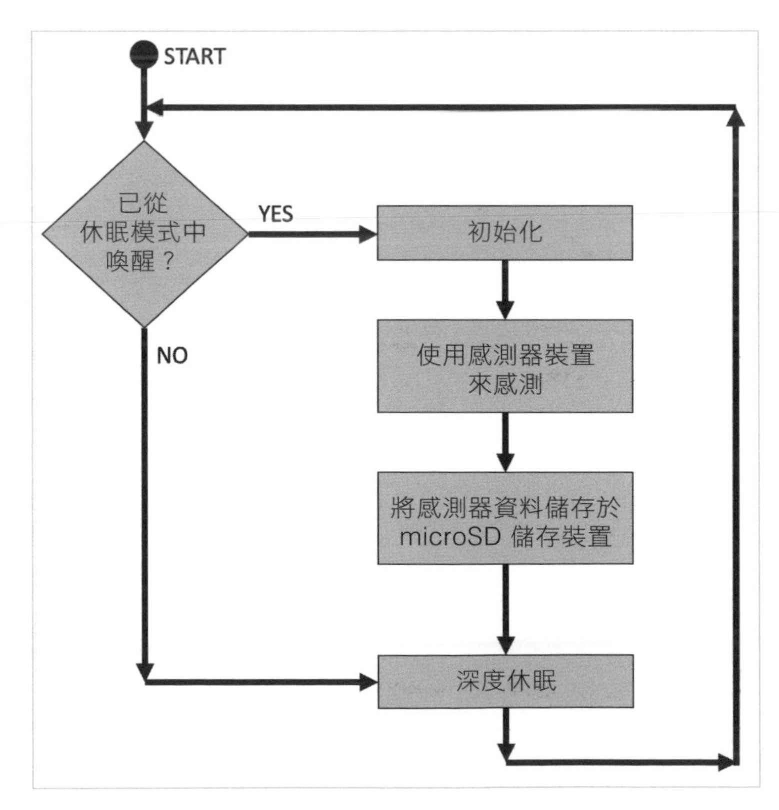

▲ **圖 4-6**：紀錄器專案的程式設計

根據圖 4-6 的流程圖來實作程式：

- 檢查程式在休眠模式後是否執行。
- 如果順利執行，就開始偵測並儲存感測器資料。如果沒有，就進行休眠模式相關操作。
- 初始化感測器與 microSD 儲存裝置，使其可用於 ESP32 開發板。
- 讀取了 DHT 感測器的溫度與濕度數值之後，將感測器資料儲存於 microSD 卡中。
- 儲存感測器資料完畢之後，程式會進入休眠模式。

本專案會透過計時器定期將程式從休眠模式中喚醒。

◉ 編寫程式

為了讓這個範例更快完成，請複製上一個 sdcardht 專案，並將其改名 logger，主程式檔為 logger.c。

1. 首先，宣告用於休眠模式操作的 sleep_enter_time：

```
static RTC_data_ATTR struct timeval sleep_enter_time;
```

起始時間與當下時間的差值就是休眠的時間長度，再將這筆數值寫入 sleep_time_ms 變數：

```
    struct timeval now;
    gettimeofday(&now, NULL);
    int sleep_time_ms = (now.tv_sec - sleep_enter_time.tv_sec) * 1000 +
(now.tv usec - sleep_enter_time.tv_usec) / 1000;
```

2. 可以運用 esp_sleep_get_wakeup_cause() 函式來檢查程式是否順利從休眠模式中啟動。如果啟動的話，將取得 esp_SLEEP_wakeup_timer。

3. 接著就會讀取 DHT 感測器數值，並將感測器資料儲存於 microSD 卡：

```
switch (esp_sleep_get_wakeup_cause()) {
        case ESP_SLEEP_WAKEUP_TIMER: {
            printf("Wake up from timer. Time spent in deep sleep: %dms\n",
                   sleep_time_ms);
            // Options for mounting the file system.
            esp_vfs_fat_sdmmc_mount_config_t mount_config = {
                .format_if_mount_failed = false,
                .max_files = 5,
                .allocation_unit_size = 16 * 1024
            };
```

4. 當 ESP32 從深度休眠被喚醒之後，記憶卡的資訊需要再次設定於 mount_config 變數中。下一步是要掛載 "/sdcard"，並確保這次操作順利完成且沒有發生任何錯誤。如果發生任何錯誤，就會在序列終端機中顯示對應的除錯訊息。

```
     sdmmc_card_t* card;
     esp_err_t ret = esp_vfs_fat_sdmmc_mount("/sdcard", &host, &slot_
config, &mount_config, &card);

     if (ret != ESP_OK) {
        if (ret == ESP_FAIL) {
            printf("Failed to mount file system. "
                "If you want the card to be formatted, set format_if_mount_
failed = true.\n");
        } else {
            printf("Failed to initialize the card (%s). "
                "Make sure SD card lines have pull-up resistors in place.\
n", esp_err_to_name(ret));
        }
        return;
     }

     // 記憶卡已初始化，顯示其屬性
     sdmmc_card_print_info(stdout, card);
    printf("Reading sensor data\n");
```

5. 現在記憶卡已經成功掛載，且無發生任何錯誤，接著可以讀取 DHT 感測器了。使用 append 模式開啟 "/sdcard/logger.csv"（請參考 fopen 函式的第二個參數），注意不要蓋掉之前的數值，並透過 fprintf() 函式把最新的溫度與濕度值寫入檔案中。

   現在，"/sdcard/logger.csv" 檔案中已經加入一筆新的紀錄了，可呼叫 fclose() 函式並送入檔案描述子來關閉檔案。

```
    if (dht_read_data(sensor_type, dht_gpio, &humidity, &temperature) == ESP_OK)
    {
        printf("Humidity: %d%% Temp: %d^C\n", humidity / 10, temperature / 10);
        FILE* f = fopen("/sdcard/logger.csv", "a");
        if (f == NULL) {
            printf("Failed to open file for writing\n");
            return;
        }
        fprintf(f, "%d,%d \ n", humidity / 10, temperature / 10);
        fclose(f);
    }
    else
        printf("Could not read data from sensor\n");

    // 作業完畢，卸載磁碟並停用 SDMMC 或 SPI 周邊
```

6. 把最新一筆讀取結果寫入 SD 卡中的檔案之後，檔案也關閉了。這時就要卸載這張記憶卡，並準備讓它進入另一個深度休眠期間。同樣的流程之後會不斷重複。

```
        esp_vfs_fat_sdmmc_unmount();
        printf("Card unmounted\n");

        break;
    }
    case ESP_SLEEP_WAKEUP_UNDEFINED:
    default:
        printf("Not a deep sleep reset\n");
}
vTaskDelay(1000 / portTICK_PERIOD_MS);
```

我們可以呼叫 esp_deep_sleep_start() 函式來確保程式確實進入了睡眠模式。在呼叫 esp_deep_sleep_start() 之前會先設定喚醒計時器。本程式會每 20 秒喚醒一次：

```
const int wakeup_time_sec = 20;
printf("Enabling timer wakeup, %ds\n", wakeup_time_sec);
esp_sleep_enable_timer_wakeup(wakeup_time_sec * 1000000);

esp_deep_sleep_start();
```

7. 儲存所有程式。

◉ 執行程式

現在，請編譯 logger 專案並燒錄到 ESP32 開發板。完成之後，用序列通訊程式來檢視程式輸出，應類似以下畫面：

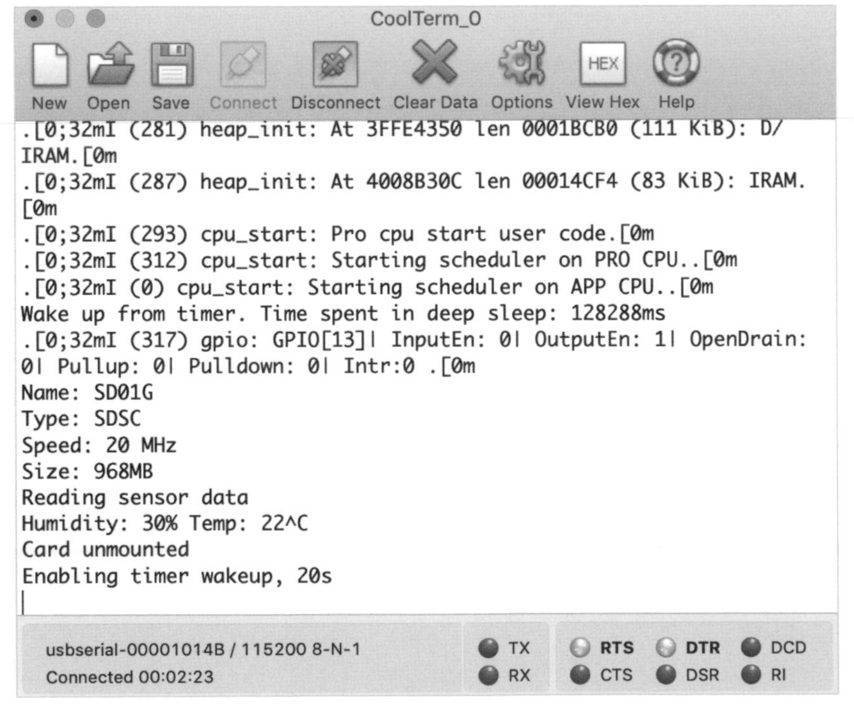

▲ 圖 4-7：紀錄器專案的輸出畫面

本專案會產生一個 `logger.csv` 檔，你可用 Microsoft Excel 軟體來視覺化呈現其內容。感測器資料的視覺化呈現結果如下圖：

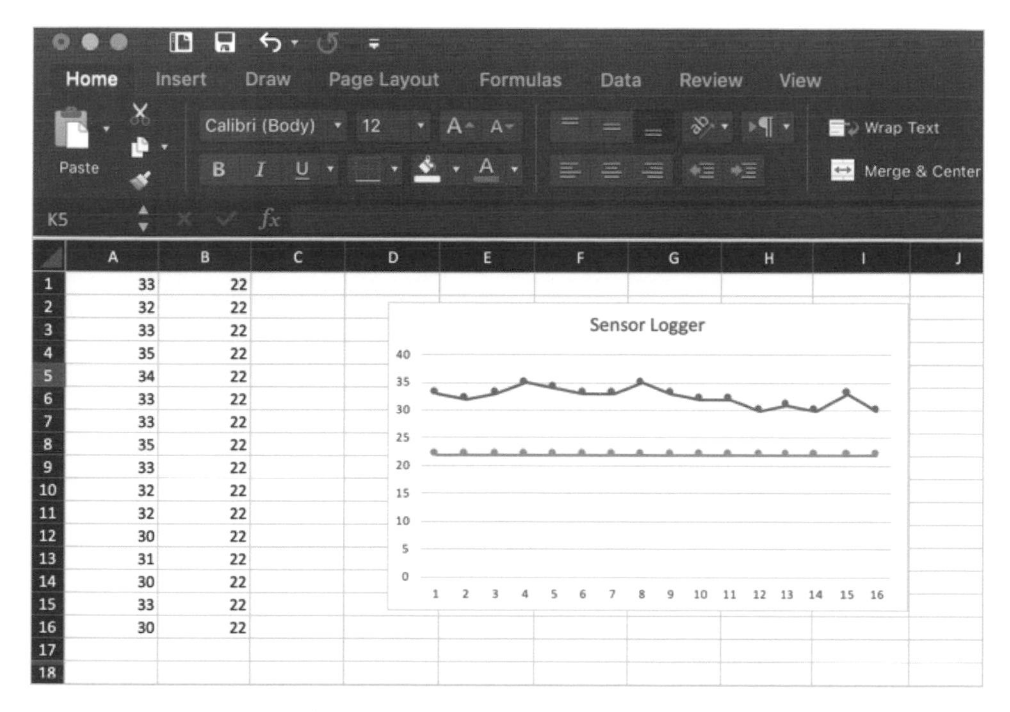

▲ **圖 4-8**：使用 Microsoft Excel 來視覺化呈現感測器資料

4.7 總結

本章介紹了如何透過 ESP32 開發板來操作 SD 卡與 microSD 卡這類的外部儲存裝置，接著是把感測器資料儲存於這些儲存裝置中。最後，我們製作了一個感測器監控紀錄器，它會在讀取並儲存感測器資料之後進入休眠模式。

下一章內容是關於如何讓 ESP32 開發板與網際網路服務來溝通與互動。

CHAPTER

透過網際網路來控制物聯網裝置

物聯網（IoT）是科技產業的諸多熱門議題之一。IoT 可應用在許多情境，例如監控與自動化。本章將會使用 ESP32 開發板連上 Wi-Fi 網路來實作一個 IoT 系統。在此，我們會先從如何連上現有的 Wi-Fi 網路開始，接著就是製作可連接 Wi-Fi 的智慧居家專案。

本章內容如下：

- 讓 ESP32 連上網際網路
- 取得網路伺服器資料
- 使用 ESP32 製作網路伺服器
- 智慧家庭專案

5.1 技術要求

開始之前，請確認你已準備好以下項目：

- 安裝好作業系統的電腦，作業系統可為 Windows、Linux 或 macOS。
- 一片 ESP32 開發板，建議使用 Espressif 自家的 ESP-WROVER-KIT 開發板。
- 可連接網際網路的 Wi-Fi 網路

5.2 簡介 ESP32 Wi-Fi 開發

Wi-Fi，或無線網路，是一個能與網路上其他系統互動的通訊架構。有了它之後，我們就能透過 TCP/IP、UDP/IP、HTTP 或 SMTP/POP3 這類網路網路 通訊協定來執行常見的網路任務。由於 ESP32 晶片已內建了 Wi-Fi 與藍牙模組，當然就能讓 ESP32 開發板連上指定的網路。

如果要讓 ESP32 連上 Wi-Fi 的話，專案就會用到 `esp_wifi.h` 標頭檔：

```
#include "esp_wifi.h"
```

ESP32 在處理 Wi-Fi 是以事件為基礎。我們會呼叫開發板的 Wi-Fi API，藉此來操作 ESP32 開發板上的 Wi-Fi 模組。ESP32 Wi-Fi API 支援 WPA、WPA2 與 WEP 等安全性設定。Wi-Fi API 函式詳細資訊請參考：

https://docs.espressif.com/projects/esp-idf/en/latest/api-reference/network/esp_wifi.html

本章將操作 ESP32 開發板的 Wi-Fi 網路模組來執行各個範例。在此一樣採用 ESP-WROVER-KIT v4。

5.3 掃描 Wi-Fi 熱點

本章第一個範例是 Wi-Fi 掃描，這會掃描我們所在位置附近所有的既有 Wi-Fi 網路。首先，建立一個名為 `wifiscan` 的專案，主程式為 `wifiscan.c`。

由標頭檔載入所有必要的函式庫，如下：

```
#include <string.h>
#include "freertos/FreeRTOS.h"
#include "freertos/task.h"
#include "freertos/event_groups.h"
#include "esp_system.h"
#include "esp_wifi.h"
#include "esp_event_loop.h"
#include "esp_log.h"
#include "nvs_flash.h"

#include "lwip/err.h"
#include "lwip/sys.h"
```

`app_main()` 主函式呼叫了 `esp_wifi_set_storage()` 函式來初始化 Wi-Fi 程式的儲存空間。另外還需要一個能夠監聽來自 Wi-Fi API 事件的函式。在此建立了 `event_handler()` 函式並將其送入 `esp_event_loop_init()` 函式。

接著，呼叫 `esp_wifi_start()` 函式，藉此在 ESP32 板子上執行 Wi-Fi 服務：

```
   esp_err_t ret = nvs_flash_init();
   if (ret == ESP_ERR_NVS_NO_FREE_PAGES || ret == ESP_ERR_NVS_NEW_VERSION_FOUND) {
    ESP_ERROR_CHECK(nvs_flash_erase());
    ret = nvs_flash_init();
   }
   ESP_ERROR_CHECK( ret );

tcpip_adapter_init();
ESP_ERROR_CHECK(esp_event_loop_init(event_handler, NULL));
wifi_init_config_t cfg = WIFI_INIT_CONFIG_DEFAULT();
ESP_ERROR_CHECK(esp_wifi_init(&cfg));
ESP_ERROR_CHECK(esp_wifi_set_storage(WIFI_STORAGE_RAM));
ESP_ERROR_CHECK(esp_wifi_set_mode(WIFI_MODE_STA));
ESP_ERROR_CHECK(esp_wifi_start());
```

Wi-Fi 服務順利啟動之後，透過 esp_wifi_scan_start() 函式來掃描 Wi-Fi。為此，要把 wifi_scan_config_t 參數送入 esp_wifi_scan_start() 函式。進行 Wi-Fi 掃描時，要把 ssid 與 bssid 參數設為 NULL。

在此用迴圈來實作 Wi-Fi 掃描。掃描完成之後，再次呼叫 esp_wifi_scan_start()：

```
wifi_scan_config_t scanConf = {
    .ssid = NULL,
    .bssid = NULL,
    .channel = 0,
    .show_hidden = true
};

while(true){
    ESP_ERROR_CHECK(esp_wifi_scan_start(&scanConf, true));
    vTaskDelay(3000 / portTICK_PERIOD_MS);
}
```

現在要實作 event_handler() 函式。本範例會接收 Wi-Fi 服務的所有事件，詳細資訊請參考 ESP32 原廠文件：

https://docs.espressif.com/projects/esp-idf/en/latest/api-guides/wifi.html

以本專案的情境來說，我們會等候 SYSTEM_EVENT_SCAN_DONE 事件。本事件會在 ESP32 進行 Wi-Fi 掃描之後自動觸發。另外可呼叫 esp_wifi_scan_get_ap_num() 函式來取得 Wi-Fi 掃描的結果。

接著，進入迴圈並呼叫 esp_wifi_scan_get_ap_records() 函式來取得 Wi-Fi 熱點資訊，最後把 Wi-Fi 資訊顯示於終端機，如下：

```
esp_err_t event_handler(void *ctx, system_event_t *event)
{
    if (event->event_id == SYSTEM_EVENT_SCAN_DONE) {
        uint16_t apCount = 0;
        esp_wifi_scan_get_ap_num(&apCount);
```

```
        printf("Wi-Fi found: %d\n",event->event_info.scan_done.number);
        if (apCount == 0) {
           return ESP_OK;
        }
        wifi_ap_record_t *wifi = (wifi_ap_record_t
*)malloc(sizeof(wifi_ap_record_t) * apCount);
        ESP_ERROR_CHECK(esp_wifi_scan_get_ap_records(&apCount, wifi));
...
}
```

取得 wifi_ap_record_t 清單項目之後，就要根據 wifi_ap_record_t.authmode 類型來設定驗證名稱，如下：

```
        for (int i=0; i<apCount; i++) {
           char *authmode;
           switch(wifi[i].authmode) {
              case WIFI_AUTH_OPEN:
                 authmode = "NO AUTH";
                 break;
              case WIFI_AUTH_WEP:
                 authmode = "WEP";
                 break;
              case WIFI_AUTH_WPA_PSK:
                 authmode = "WPA PSK";
                 break;
              case WIFI_AUTH_WPA2_PSK:
                 authmode = "WPA2 PSK";
                 break;
              case WIFI_AUTH_WPA_WPA2_PSK:
                 authmode = "WPA/WPA2 PSK";
                 break;
              default: authmode
                 break;
                 "Unknown";
        }
```

接著，在終端機中顯示 Wi-Fi SSID、RSSI 與驗證模式等資訊：

```
 printf("SSID: %15.15s RSSI: %4d AUTH: %10.10s\n",wifi[i].ssid, wifi[i].rssi,
authmode);
```

儲存專案之後，編譯並把程式燒錄到 ESP32 開發板。我建議先在 `menuconfig` 中把燒錄大小設為 4MB 之後，再把程式燒錄到開發板，關於燒錄設定請回顧第 2 章「**在 LCD 上視覺化呈現資料與動畫**」與第 3 章「**使用嵌入式 ESP32 開發板製作簡易小遊戲**」。

程式燒錄完成之後，請透過序列通訊程式來檢視 Wi-Fi 掃描結果。圖 5-1 是我的 Wi-Fi 掃描結果：

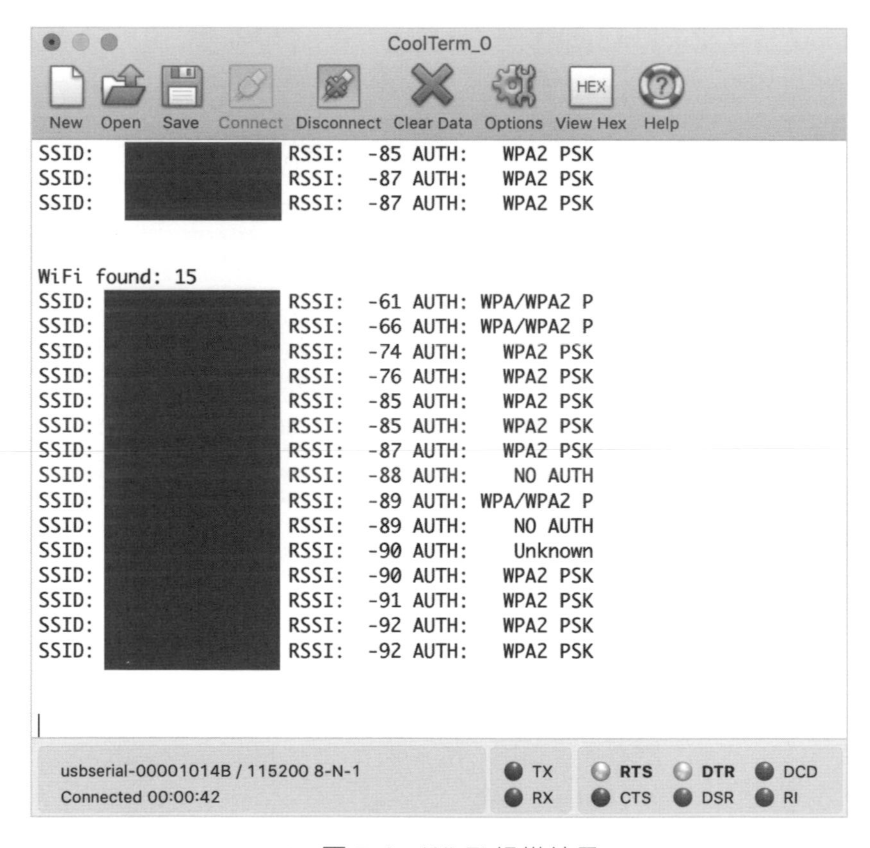

▲ **圖 5-1**：Wi-Fi 掃描結果

5.4 連接到現有的 Wi-Fi 網路

本節要示範如何連接到現有的 Wi-Fi 網路。請準備一個可被連線的 Wi-Fi 熱點。至於 Wi-Fi 安全性，在此會針對現有的 Wi-Fi 網路採用 WPA/WPA2。也因為採用了 WPA/WPA2 驗證模式，就需要該 Wi-Fi 熱點的 SSID 名稱與 SSID 金鑰才能加入該 Wi-Fi 網路。

現在，請建立一個名為 wificonnect 的專案。在主進入點 app_main() 函式會呼叫 connect_to_wifi()。這個 connect_to_wifi() 函式可以連接到現有的 Wi-Fi 網路：

```
void app_main()
{
    //Initialize NVS esp_err_t ret = nvs_flash_init();
    if (ret == ESP_ERR_NVS_NO_FREE_PAGES || ret == ESP_ERR_NVS_NEW_VERSION_FOUND) {
      ESP_ERROR_CHECK(nvs_flash_erase());
      ret = nvs_flash_init();
    }
    ESP_ERROR_CHECK(ret);
    connect_to_wifi();
}
```

技術上來說，初始化 Wi-Fi 服務是在 connect_to_wifi() 函式中完成的。由於我們想要連接現有的 Wi-Fi，就需要把 SSID 與 SSID KEY 作為 wifi_config_t 參數送入 esp_wifi_set_config() 函式。

另外也要把 event_handler() 函式送入 esp_event_loop_init() 函式來監聽某個 Wi-Fi 服務的所有事件。在此會使用 esp_wifi_set_mode() 函式將 Wi-Fi 服務模式設定為 WIFI_MODE_STA，代表用於 Wi Fi 站台。接著就可以呼叫 esp_wifi_start() 函式來啟動 Wi-Fi 服務：

連接 Wi-Fi 服務的程式碼實作如下：

```
void connect_to_wifi()
{
    s_wifi_event_group = xEventGroupCreate();

    tcpip_adapter_init();
    ESP_ERROR_CHECK(esp_event_loop_init(event_handler, NULL) );

    wifi_init_config_t cfg = WIFI_INIT_CONFIG_DEFAULT();
    ESP_ERROR_CHECK(esp_wifi_init(&cfg));
    wifi_config_t wifi_config = {

        .sta = {
            .ssid = "SSID",
            .password = "SSID_KEY"
        },
    };

    ESP_ERROR_CHECK(esp_wifi_set_mode(WIFI_MODE_STA) );
    ESP_ERROR_CHECK(esp_wifi_set_config(ESP_IF_WIFI_STA, &wifi_config) );
    ESP_ERROR_CHECK(esp_wifi_start() );

    ESP_LOGI(TAG, "wifi_init_sta finished.");
}
```

event_handler() 函式監聽了三個事件：SYSTEM_EVENT_STA_START、SYSTEM_event_sta_got_ip 與 system_event_sta_disconnected。當收到 SYSTEM_EVENT_STA_START 事件時，就呼叫 esp_wifi_connect() 來連接到指定的 Wi-Fi 網路。

如果 ESP32 開發板順利從 Wi-Fi 網路取得 IP 位址的話，就會觸發 system_event_sta_got_ip 事件。本事件會顯示 ESP32 開發板取得的 IP 位址：

```
static esp_err_tevent_handler(void *ctx, system_event_t *event)
{
    switch(event->event_id) {
    case SYSTEM_EVENT_STA_START:
        esp_wifi_connect();
        break;
    case SYSTEM_EVENT_STA_GOT_IP:
        ESP_LOGI(TAG, "got ip:%s",
                 ip4addr_ntoa(&event->event_info.got_ip.ip_info.ip));
        s_retry_num = 0;
        xEventGroupSetBits(s_wifi_event_group, WIFI_CONNECTED_BIT);
        break;
```

SYSTEM_EVENT_STA_DISCONNECTED 事件是用來偵測 ESP32 開發板是否發生錯誤或從 Wi-Fi 網路斷線了。如果發生以上狀況，就再次呼叫 esp_wifi_connect() 函式來連接到指定的 Wi-Fi 網路。

```
   case SYSTEM_EVENT_STA_DISCONNECTED:
        {
            if (s_retry_num < WIFI_ESP_MAXIMUM_RETRY) {
                esp_wifi_connect();
                xEventGroupClearBits(s_wifi_event_group, WIFI_CONNECTED_BIT);
                s_retry_num++;
                ESP_LOGI(TAG,"retry to connect to the AP");
            }
            ESP_LOGI(TAG,"connect to the AP fail\n");
            break;
        }
    default:
         break;
    }
    return ESP_OK;
}
```

儲存專案。編譯並把程式燒錄到 ESP32 開發板。

圖 5-2 為 ESP32 開發板成功連上指定 Wi-Fi 熱點的程式畫面：

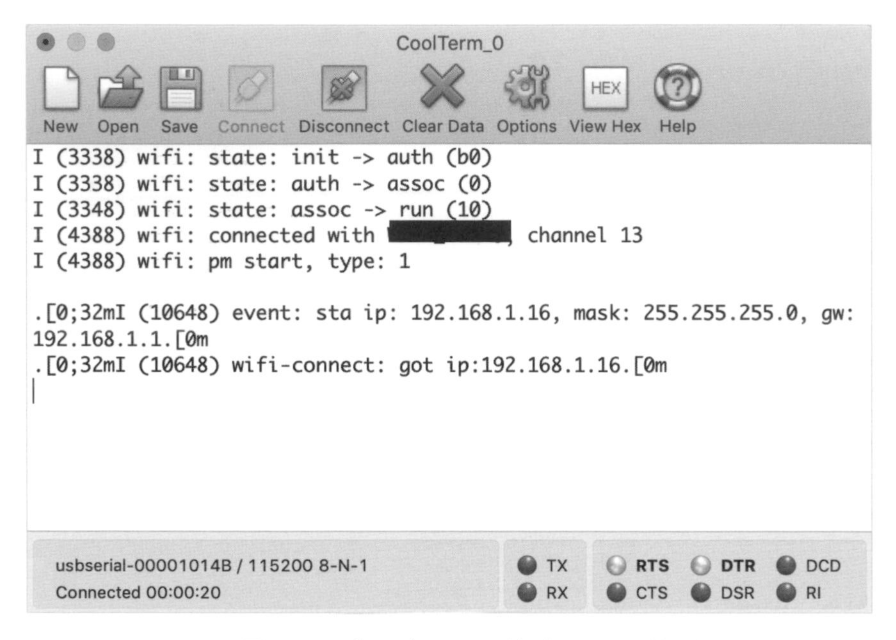

▲ **圖 5-2**：由現有 Wi-Fi 熱點取得 IP 位址

5.5 存取網路伺服器資料

上一節學會了如何讓 ESP32 開發板連到指定的 Wi-Fi 熱點。現在，要讓 ESP32 開發板來取得網路伺服器的資料了。ESP32 的各個 API 都採用了 socket 技術來與網路上的其他系統來溝通。

本範例要與指定的網路伺服器來溝通，在此使用 Google 作為目標的網路伺服器。請建立一個名為 `http_request` 的 ESP32 專案，主程式為 `http_request.c`。本專案也可由 Espressif IDF 原廠網站取得：

`https://github.com/espressif/esp-idf/tree/master/examples/protocols/http_server`

1. 首先，載入要用到的函式庫，包含 socket.h 與 dns.h 這些網路函式庫：

```
#include <string.h>
#include "freertos/FreeRTOS.h"
#include "freertos/task.h"
#include "freertos/event_groups.h"
#include "esp_system.h"
#include "esp_wifi.h"
#include "esp_event_loop.h"
#include "esp_log.h"
#include "nvs_flash.h"

#include "lwip/err.h"
#include "lwip/sockets.h"
#include "lwip/sys.h"
#include "lwip/netdb.h"
#include "lwip/dns.h"
```

2. 定義目標網路伺服器為 google.com。由於採用了 socket 並搭配 TCP/IP 通訊協定，就需要自己建立一個基於 TCP/IP 通訊協定的 HTTP 請求。在此會把 HTTP Get 請求定義於 REQUEST 變數中。

3. 想進一步了解 HTTP 的話，推薦你參考 RFC2616 文件中的 HTTP 標準通訊協定：

   https://tools.ietf.org/html/rfc2616

```
#define WEB_SERVER "google.com"
#define WEB_PORT 80
#define WEB_URL "http://google.com/"

static const char *REQUEST = "GET " WEB_URL " HTTP/1.0\r\n"
    "Host: "WEB_SERVER"\r\n"
    "User-Agent: esp-idf/1.0 esp32\r\n"
    "\r\n";
```

4. 要讓 ESP32 連上 Wi-Fi 的話，就需要在 app_main() 主函式中啟動 Wi-Fi 服務。另外也要定義要連線網路之 SSID 名稱與金鑰。請根據你的 Wi-Fi 網路設定來修改以下的 SSID 與 SSID_KEY：

```
wifi_config_t wifi_config = {
    .sta = {
        .ssid = "SSID",
        .password = "SSID_KEY",
    },
};
ESP_LOGI(TAG, "Setting Wi-Fi configuration SSID %s...", wifi_config.sta.
ssid);
ESP_ERROR_CHECK( esp_wifi_set_mode(WIFI_MODE_STA) );
ESP_ERROR_CHECK( esp_wifi_set_config(ESP_IF_WIFI_STA, &wifi_config) );
ESP_ERROR_CHECK( esp_wifi_start() );
```

5. 順利連上 Wi-Fi 網路之後，就會對網路伺服器發送一個 HTTP 請求。在此會根據 TCP/IP 通訊協定把 socket 宣告為 SOCK_STREAM：

```
const struct addrinfo hints = {
    .ai_family = AF_INET,
    .ai_socktype = SOCK_STREAM,
};
struct addrinfo *res;
struct in_addr *addr;
int s, r;
char recv_buf[64];
```

6. 使用 getaddrinfo() 函式來取得網路伺服器的 IP 位址。接著再用 connect() 函式並送入要連線之網路伺服器 IP 位址，這樣就能連到指定的網路伺服器：

```
    int err = getaddrinfo(WEB_SERVER, "80", &hints, &res);

    if(err != 0 || res == NULL) {
        ESP_LOGE(TAG, "DNS lookup failed err=%d res=%p", err, res);
        vTaskDelay(1000 / portTICK_PERIOD_MS);
        continue;
    }
```

```
    addr = &((struct sockaddr_in *)res->ai_addr)->sin_addr;
    ESP_LOGI(TAG, "DNS lookup succeeded. IP=%s", inet_ntoa(*addr));

    s = socket(res->ai_family, res->ai_socktype, 0);
    if(s < 0) {
        ESP_LOGE(TAG, "... Failed to allocate socket.");
        freeaddrinfo(res);
        vTaskDelay(1000 / portTICK_PERIOD_MS);
        continue;
    }
    ESP_LOGI(TAG, "... allocated socket");

    if(connect(s, res->ai_addr, res->ai_addrlen) != 0) {
        ESP_LOGE(TAG, "... socket connect failed errno=%d", errno);
        close(s);
        freeaddrinfo(res);
        vTaskDelay(4000 / portTICK_PERIOD_MS);
        continue;
    }

    ESP_LOGI(TAG, "... connected");
    freeaddrinfo(res);
```

7. ESP32 成功連上網路伺服器之後，就會呼叫 write() 函式並搭配先前定義的 REQUEST 參數，藉此完成我們的 HTTP GET 請求：

```
if (write(s, REQUEST, strlen(REQUEST)) < 0) {
    ESP_LOGE(TAG, "... socket send failed");
    close(s);
    vTaskDelay(4000 / portTICK_PERIOD_MS);
    continue;
}
ESP_LOGI(TAG, "... socket send success");
```

8. 接著要等待網路伺服器的回應，在此會用 setsockopt() 來設定 HTTP 請求的 timeout 逾時時間。接著用 read() 函式來讀取網路伺服器的回應訊息，最後把網路伺服器的回應訊息顯示於終端機：

```
struct timeval receiving_timeout;
receiving_timeout.tv_sec = 5;
receiving_timeout.tv_usec = 0;
```

```
if (setsockopt(s, SOL_SOCKET, SO_RCVTIMEO, &receiving_timeout,
               sizeof(receiving_timeout)) < 0) {
  ESP_LOGE(TAG, "... failed to set socket receiving timeout");
  close(s);
  vTaskDelay(4000 / portTICK_PERIOD_MS);
  continue;
}
ESP_LOGI(TAG, "... set socket receiving timeout success");
do {
  bzero(recv_buf, sizeof(recv_buf));
  r = read(s, recv_buf, sizeof(recv_buf) - 1);
  for (int i = 0; i < r; i++) {
    putchar(recv_buf[i]);
  }
} while (r > 0);
```

9. 收到來自網路伺服器的訊息之後，使用 `close()` 函式來關閉連線：

```
close(s);
```

本程式使用迴圈來不斷執行，所以它會先進行連線，並每隔一段時間就會對網路伺服器發送 HTTP 請求。迴圈中的延遲時間實作如下：

```
while(1) {
    ...

        for(int countdown = 10; countdown >= 0; countdown—) {
            ESP_LOGI(TAG, "%d... ", countdown);
            vTaskDelay(1000 / portTICK_PERIOD_MS);
        }
    …
}
```

10. 儲存專案，編譯並把程式燒錄到 ESP32 開發板，接著使用序列通訊軟體來檢視程式輸出：

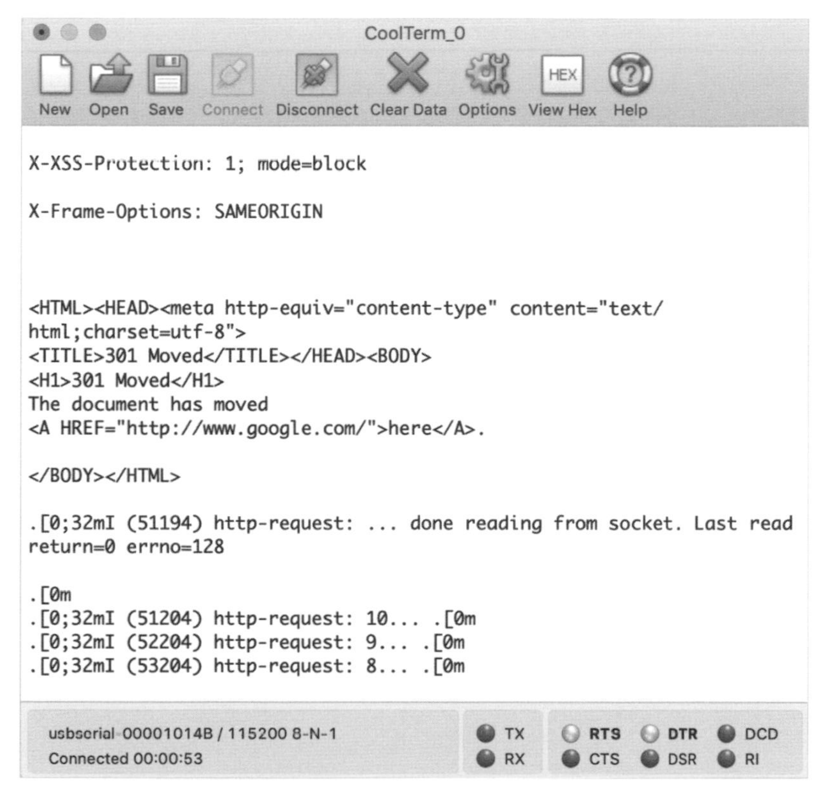

▲ **圖 5-3**：http_request 專案輸出畫面

5.6 使用 ESP32 製作網路伺服器

本節要製作一個網路伺服器，算是比較進階的主題。網路伺服器使用 HTTP 通訊協定來處理客戶端發送的所有請求。本節範例可以處理簡單的 HTTP 請求。我們會使用 ESP32 網路伺服器專案的現成範例程式，實作以下三個 HTTP 請求情境：

- HTTP GET 請求搭配位址 /hello
- HTTP POST 請求搭配位址 /echo
- HTTP PUT 請求搭配位址 /ctrl

本節的網路伺服器範例就會實作以上請求。

◉ 設計 HTTP 請求

請先建立一個名為 webserver 的 ESP32 專案，主程式為 webserver.c。你可運用先前所學在 ESP32 板子上初始化 Wi-Fi 服務。關於 ESP32 API 與網路伺服器等詳細資訊請參考原廠文件：

https://docs.espressif.com/projects/esp-idf/en/latest/api-reference/protocols/esp_http_server.html

在此會運用 httpd_uri_t struct 來製作 HTTP 請求。以下將 uri_get 變數宣告為 httpd_uri_t struct：

```
httpd_uri_t uri_get = {
    .uri = "/uri",
    .method = HTTP_GET,
    .handler = get_handler,
    .user_ctx = NULL
};
```

httpd_uri_t.method 可為 HTTP_GET、HTTP_POST 與 HTTP_PUT。在此將本函式發送給 httpd_uri_t.handler 來執行一次 HTTP 請求：

1. 首先要實作 /hello 請求，在此要使用 httpd_uri_t struct 來宣告 HTTP GET 請求。接著要實作 HTTP GET 處理器函式並建立 hello_get_handler() 函式。接著，發送 "Hello World!" 回應訊息給客戶端，如下：

```
httpd_uri_t hello = {
    .uri = "/hello",
    .method = HTTP_GET,
    .handler = hello_get_handler,
    /* Let's pass response string in user context to demonstrate it's usage */
    .user_ctx = "Hello World!"
};
/* An HTTP GET handler */
```

```
esp_err_t hello_get_handler(httpd_req_t *req)
{
    char* buf;
    size_t buf_len;

    /* 取得標頭數值字串長度並分配長度 +1 的記憶體
    // 多一個位元組用於 null 結尾 */
    buf_len = httpd_req_get_hdr_value_len(req, "Host") + 1;
    if (buf_len > 1) {
        buf = malloc(buf_len);
        /* 將 null 結尾的數值字串複製到緩衝區中 */
        if (httpd_req_get_hdr_value_str(req, "Host", buf, buf_len) ==
ESP_OK) {
            ESP_LOGI(TAG, "Found header => Host: %s", buf);
        }
        free(buf);
}
buf_len = httpd_req_get_hdr_value_len(req, "Test-Header-2") + 1;
if (buf_len > 1) {
    buf = malloc(buf_len);
    if (httpd_req_get_hdr_value_str(req, "Test-Header-2", buf, buf_len) ==
ESP_OK) {
        ESP_LOGI(TAG, "Found header => Test-Header-2: %s", buf);
    }
    free(buf);
}

buf_len = httpd_req_get_hdr_value_len(req, "Test-Header-1") + 1;
if (buf_len > 1) {
    buf = malloc(buf_len);
    if (httpd_req_get_hdr_value_str(req, "Test-Header-1", buf, buf_len) ==
ESP_OK) {
        ESP_LOGI(TAG, "Found header => Test-Header-1: %s", buf);
    }
    free(buf);
}
```

讀取 URL 查詢字串的長度，並分配長度為字串長度 +1 的記憶體；多一個位元組是用於 null 結尾。

```
buf_len = httpd_req_get_url_query_len(req) + 1;
if (buf_len > 1) {
  buf = malloc(buf_len);
  if (httpd_req_get_url_query_str(req, buf, buf_len) == ESP_OK) {
    ESP_LOGI(TAG, "Found URL query => %s", buf);
    char param[32];
    /* 由查詢字串取得預期鍵對應的數值 */
    if (httpd_query_key_value(buf, "query1", param, sizeof(param)) == ESP_OK)
    {
      ESP_LOGI(TAG, "Found URL query parameter => query1=%s", param);
    }
    if (httpd_query_key_value(buf, "query3", param, sizeof(param)) == ESP_OK)
    {
      ESP_LOGI(TAG, "Found URL query parameter => query3=%s", param);
    }
    if (httpd_query_key_value(buf, "query2", param, sizeof(param)) == ESP_OK)
    {
      ESP_LOGI(TAG, "Found URL query parameter => query2=%s", param);
    }
  }
  free(buf);
}
/* 設定自定義標頭 */
```

加入自定義的標頭：

```
  httpd_resp_set_hdr(req, "Custom-Header-1", "Custom-Value-1");
  httpd_resp_set_hdr(req, "Custom-Header-2", "Custom-Value-2");
  // 使用自定義的標頭與主體發送回應
  // 並設定為傳送給使用者的字串
  const char* resp_str = (const char*) req->user_ctx;
  httpd_resp_send(req, resp_str, strlen(resp_str));
  // 送出 HTTP 回應之後，舊的 HTTP 請求標頭就會遺失
  // 檢查是否可再讀取 HTTP request headers
  if (httpd_req_get_hdr_value_len(req, "Host") == 0) {
    ESP_LOGI(TAG, "Request headers lost");
  }
  return ESP_OK;
}
```

2. 第二個請求是 /echo，一樣使用 httpd_uri_t struct 來宣告 HTTP POST 請求。接著，實作 HTTP POST 處理器函式並建立 echo_post_header() 函式。我們實作了一段 echo 程式，它會把客戶端的發送內容再發送回去。在此可用 httpd_resp_send_chunk() 函式把一段內容或一個請求發送給客戶端：

```
httpd_uri_t echo = {
    .uri = "/echo",
    .method = HTTP_POST,
    .handler = echo_post_handler,
    .user_ctx = NULL
};
/* HTTP POST 處理器 */
esp_err_t echo_post_handler(httpd_req_t *req)
{
    char buf[100];
    int ret, remaining = req->content_len;

    while (remaining > 0) {
        /* 讀取請求資料 */
        if ((ret = httpd_req_recv(req, buf,
                        MIN(remaining, sizeof(buf)))) <= 0) {
            if (ret == HTTPD_SOCK_ERR_TIMEOUT) {
                /* 如果逾時，試著重新接收 */
                continue;
            }
            return ESP_FAIL;
        }
        /* 將相同的資料發送回去 */
        httpd_resp_send_chunk(req, buf, ret);
        remaining -= ret;
        /* 已收到紀錄資料 */
        ESP_LOGI(TAG, "=========== RECEIVED DATA ==========");
        ESP_LOGI(TAG, "%.*s", ret, buf);
        ESP_LOGI(TAG, "====================================");
    }
    // 結束回應
    httpd_resp_send_chunk(req, NULL, 0); return ESP_OK;
}
```

3. 最後一個請求是 /ctrl，需要實作 HTTP PUT。我們的目標是根據使用者輸入來進行註冊或取消註冊。當使用者輸入 1，就註冊 /hello 與 /echo HTTP 請求，否則當收到 0 的話，就取消註冊所有請求：

```
httpd_uri_t ctrl = {
    .uri = "/ctrl",
    .method = HTTP_PUT,
    .handler = ctrl_put_handler,
    .user_ctx = NULL
};

/* HTTP PUT 處理器，用於實作 URI 處理器的即時註冊與取消註冊 */
esp_err_t ctrl_put_handler(httpd_req_t *req)
{
    char buf;
    int ret;

    if ((ret = httpd_req_recv(req, &buf, 1)) <= 0) {
        if (ret == HTTPD_SOCK_ERR_TIMEOUT) {
            httpd_resp_send_408(req);
        }
        return ESP_FAIL;
    }

    if (buf == '0') {
        /* 可用 uri 字串來取消註冊處理器 */
        ESP_LOGI(TAG, "Unregistering /hello and /echo URIs");
        httpd_unregister_uri(req->handle, "/hello");
        httpd_unregister_uri(req->handle, "/echo");
    }
    else {
        ESP_LOGI(TAG, "Registering /hello and /echo URIs");
        httpd_register_uri_handler(req->handle, &hello);
        httpd_register_uri_handler(req->handle, &echo);
    }

    /* 使用空白主體來回應 */
    httpd_resp_send(req, NULL, 0);
    return ESP_OK;
}
```

接著要來編寫網路伺服器的程式了。

◉ 製作網路伺服器

本節要把 ESP32 開發板變成一個網路伺服器。當從 Wi-Fi 服務收到 SYSTEM_EVENT_STA_GOT_IP 事件時，就呼叫 start_webserver() 函式來啟動網路伺服器。

1. 當 ESP32 開發板在 SYSTEM_EVENT_STA_DISCONNECTED 事件中斷開網路連線時，呼叫 stop_webserver() 函式：

```
static esp_err_tevent_handler(void *ctx, system_event_t *event)
{
    httpd_handle_t *server = (httpd_handle_t *) ctx;

    switch (event->event_id) {
    case SYSTEM_EVENT_STA_START:
        ESP_LOGI(TAG, "SYSTEM_EVENT_STA_START");
        ESP_ERROR_CHECK(esp_wifi_connect());
        break;
    case SYSTEM_EVENT_STA_GOT_IP:
        ESP_LOGI(TAG, "SYSTEM_EVENT_STA_GOT_IP");
        ESP_LOGI(TAG, "Got IP: '%s'", ip4addr_ntoa(&event->event_info.got_
ip.ip_info.ip));

        /* 啟動網路伺服器 */
        if (*server == NULL) {
            *server = start_webserver();
        }
        break;
    case SYSTEM_EVENT_STA_DISCONNECTED:
        ESP_LOGI(TAG, "SYSTEM_EVENT_STA_DISCONNECTED");
        ESP_ERROR_CHECK(esp_wifi_connect());

        /* 停止網路伺服器 */
        if (*server) {
            stop_webserver(*server);
            *server = NULL;
        }
        break;
    default:
        break;
    }
    return ESP_OK;
}
```

2. 現在要實作 start_webserver() 函式，首先使用 httpd_start() 來啟動網路伺服器。接著使用 httpd_register_uri_handler() 函式來註冊所有 HTTP 請求：

```
httpd_handle_t start_webserver(void)
{
    httpd_handle_t server = NULL;
    httpd_config_t config = HTTPD_DEFAULT_CONFIG();

    // 啟動 httpd 伺服器
    ESP_LOGI(TAG, "Starting server on port: '%d'", config.server_port);
    if (httpd_start(&server, &config) == ESP_OK) {
        // Set URI handlers ESP_LOGI(TAG, "Registering URI handlers");
        httpd_register_uri_handler(server, &hello);
        httpd_register_uri_handler(server, &echo);
        httpd_register_uri_handler(server, &ctrl);
        return server;
    }

    ESP_LOGI(TAG, "Error starting server!");
    return NULL;
}
```

3. 要讓網路伺服器服務停止運作，就需要實作 stop_webserver() 函式。另外也要呼叫 httpd_stop() 函式來停止 ESP32 板子上的網路伺服器服務：

```
void stop_webserver(httpd_handle_t server)
{
    // 停止 httpd 伺服器
    httpd_stop(server);
}
```

4. 儲存所有程式。

◉ 測試程式

編譯專案並將其燒錄到 ESP32 開發板。開啟序列通訊軟體來檢視板子的 IP 位址。圖 5-4 是我的程式啟動畫面，可以看到 ESP32 開發板的 IP 位址：

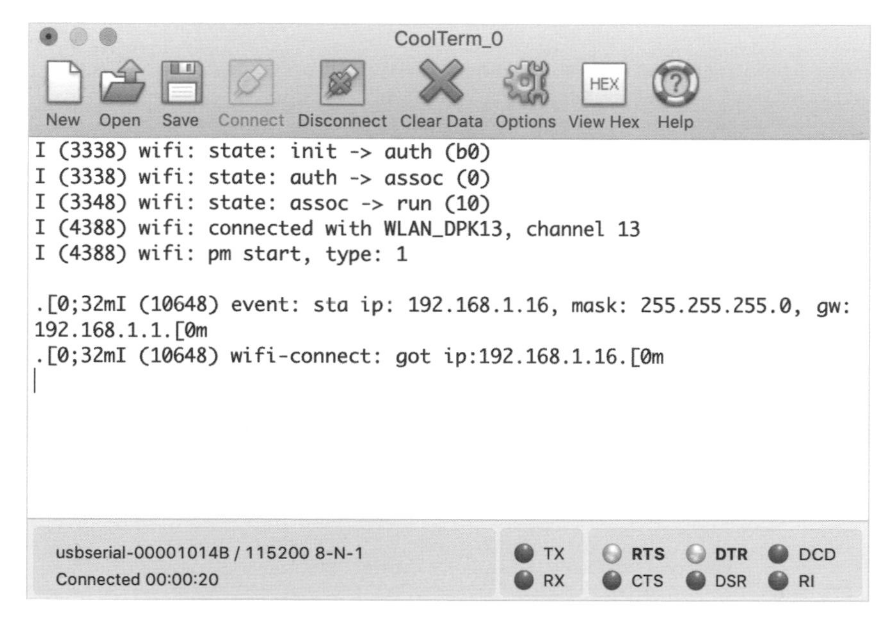

▲ **圖 5-4**：ESP32 開發板作為網路伺服器的 IP 位址

現在用網路瀏覽器來測試，開啟網址：`http://<ESP32 的 IP 位址 >/hello`。成功的話，應該會看到回應訊息 `"Hello World!"`，如圖 5-5。

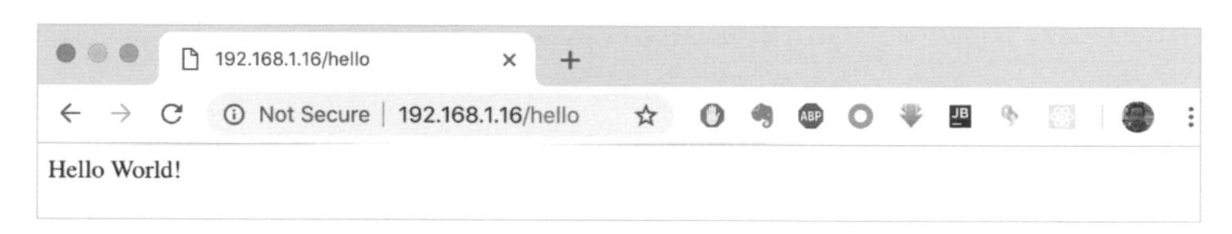

▲ **圖 5-5**：從瀏覽器取得 ESP32 的回應

你可透過 Postman 程式來模擬 HTTP POST 請求，請由此取得該程式：

https://www.getpostman.com/

另一個 HTTP 測試方式是寫一個小程式來執行 HTTP POST 請求來搭配 Postman 軟體。Postman 可用來發送 GET、POST、DEL 與 PUT 等模式的 HTTP 請求。你可選擇 POST 並把 target URL 設為 http://<ESP32 的 IP 位址>/echo：

```
Content-Type: application/x-www-form-urlencoded
```

request body 欄位請設定為 hello world，就是所要發送的訊息。Postman 中的 HTTP POST 請求設定細節如圖 5-6：

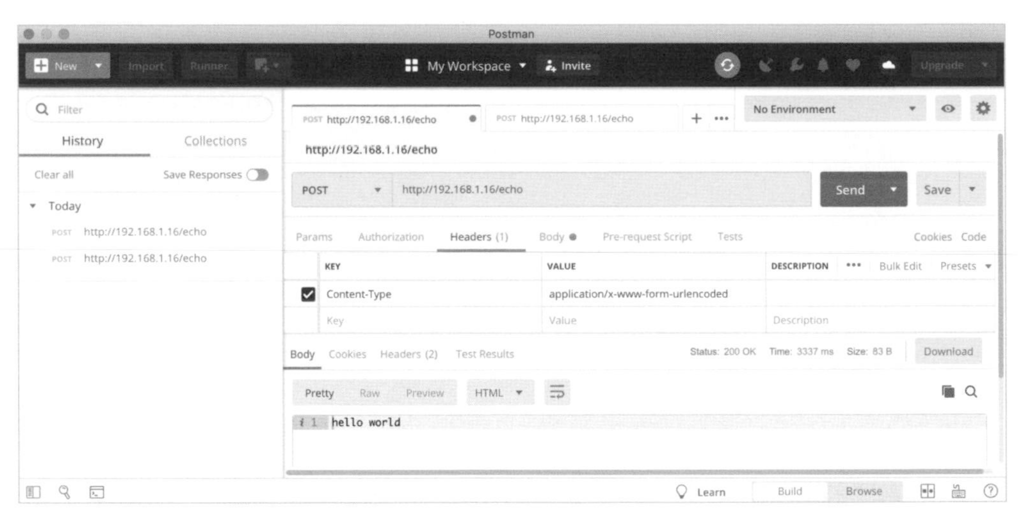

▲ **圖 5-6**：使用 Postman 來執行 HTTP POST 請求

按下 **Send** 按鈕來執行 HTTP POST 請求。應該會收到來自 ESP32 的回應，回應主體應該與 Postman 中所設定的一樣。也可由 ESP32 終端機來看看輸出結果，如圖 5-7：

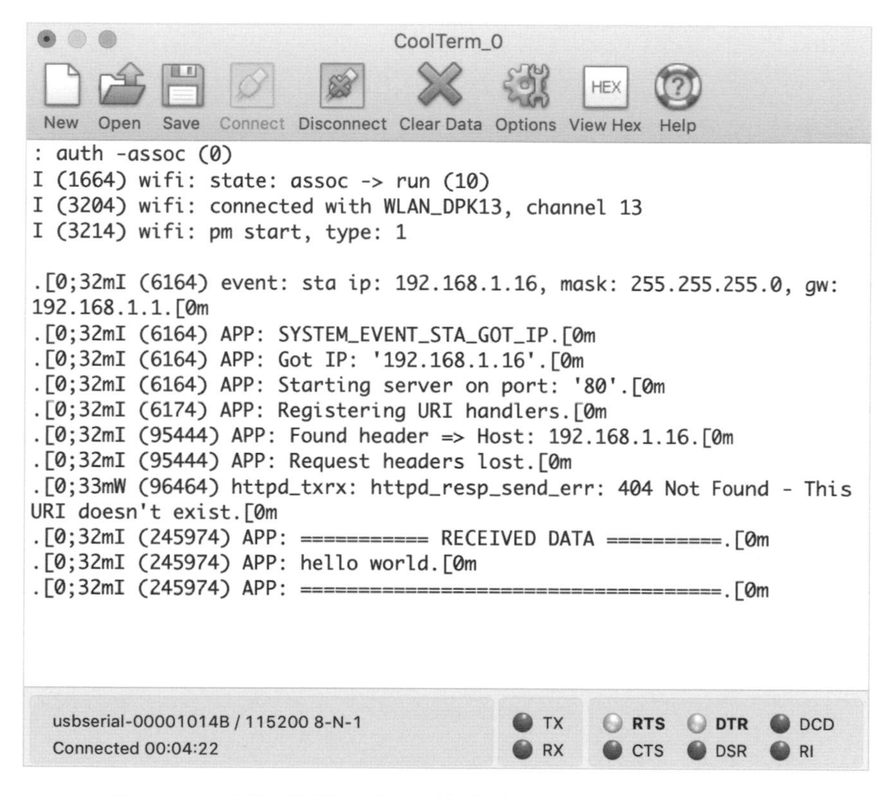

▲ **圖 5-7**：執行 HTTP POST 請求時，ESP32 終端機輸出畫面

接著是 HTTP PUT 請求，可使用與 HTTP POST 請求相同的設定。請在 Postman 軟體中選擇 PUT。Body 欄位中，請把數值設為 1 或 0。如果設為 1，ESP32 程式就會註冊 /hello 與 /echo 請求。反之，會將數值設定為 0 來取消所有註冊。我的 Postman 設定畫面如圖 5-8：

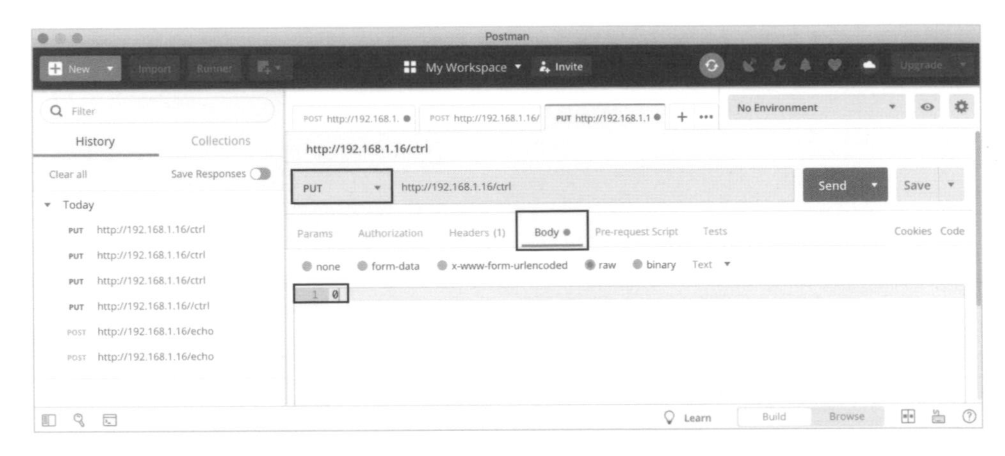

▲ **圖 5-8**：使用 Postman 來執行 HTTP PUT 請求

按下 **Send** 按鈕來執行 HTTP PUT 請求。ESP32 的終端機輸出畫面如圖 5-9：

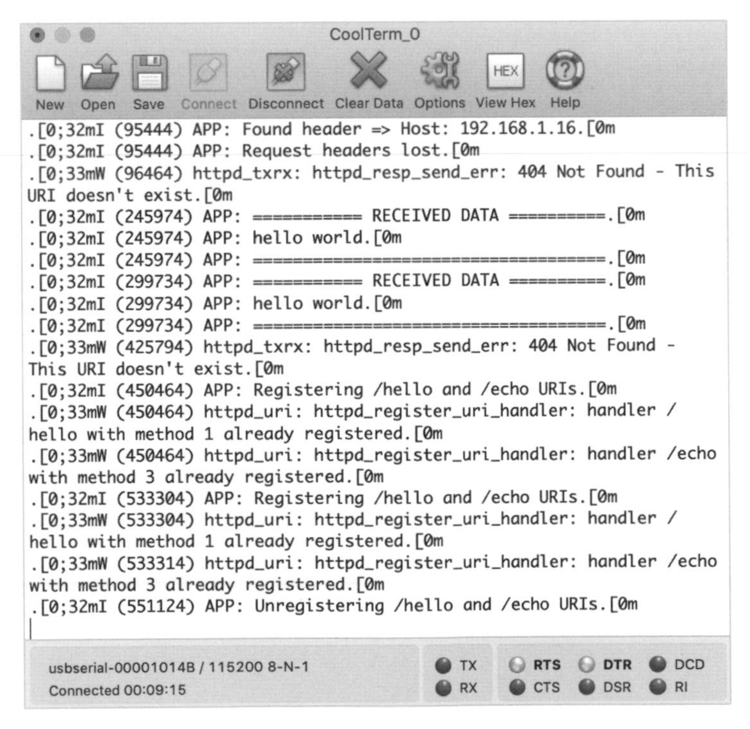

▲ **圖 5-9**：執行 HTTP PUT 請求時，ESP32 終端機輸出畫面

請將 request body 的數值改為 0，接著在 Postman 中按下 **Send** 按鈕，看看會發生什麼事。

5.7 智慧家庭專案

這個專案的目標是製作簡易的智慧家庭系統。所謂的智慧家庭是指能讓使用者控制家中諸多裝置的各種科技。這類應用會連接到許多感測器與裝置。我們可透過攝影機、溫度與電力用量這類感測器裝置來得知家中的資訊，另外也可以控制燈光為開啟或關閉。

本節將使用 ESP32 製作簡易的智慧家庭系統。圖 5-10 為使用 ESP32 開發板為核心之智慧家庭系統設計圖請參考。在此要把一些感測器與致動器裝置接上 ESP32 開發板，接著再透過網路進行控制。

如果想在戶外也能控制 ESP32 開發板的話，當然需要先啟動網路伺服器服務。下圖是透過網路伺服器發送給 ESP32 開發板的各個指令示意：

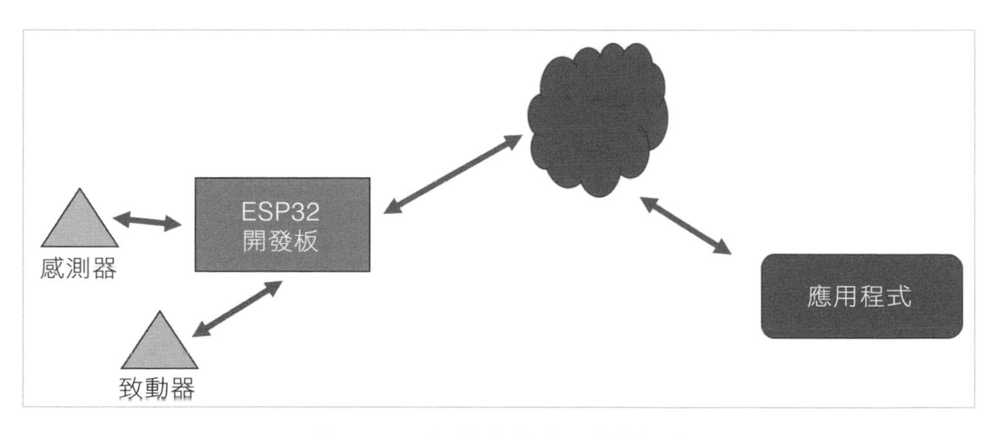

▲ **圖 5-10**：智慧家庭應用的簡易模型

簡單示範就好，在此會在 ESP32 開發板接上一顆 LED，並透過 HTTP 請求來控制 LED 亮滅。在此會定義 `/led` HTTP 請求來控制 LED，如果程式收到的請求主題中包含了數值 `1`，則 LED 亮起；收到數值 `0`，則讓 LED 熄滅。

專案開始！

◉ 硬體接線

本專案的硬體接線應該不會太麻煩；只需要在 ESP32 開發板的 IO12 腳位上接一顆 LED 就好。如果你所使用的 ESP32 開發板無法使用 IO12 腳位的話，請換成其他可用的腳位。

◉ 處理 HTTP 請求

現在要來編寫智慧家庭專案的程式了：

1. 建立名為 `smarthome` 的專案，主程式為 `smarthome.c`。

   首先，宣告專案所需的函式庫：

```
#include <esp_wifi.h>
#include <esp_event_loop.h>
#include <esp_log.h>
#include <esp_system.h>
#include <nvs_flash.h>
#include <sys/param.h>

#include <esp_http_server.h>
```

2. 定義用於 LED 的 GPIO 腳位與紀錄器：

```
static const char *TAG="APP";
#define LED1 12
```

3. 接著，透過 httpd_uri_t struct 來建立 HTTP POST 請求處理器。在此把請求方法定義為 HTTP_POST 搭配 /led 請求。另外也要把 led_post_handle() 函式送入請求處理器，如下：

```
httpd_uri_t led_post = {
    .uri = "/led",
    .method = HTTP_POST,
    .handler = led_post_handler,
    .user_ctx = NULL
};
```

4. 現在要實作 led_post_handler() 函式，負責讀取 HTTP 請求的訊息。接著，檢查 HTTP 請求主體是否包含數值 1 或 0。如果請求主體中包含了數值 1，就呼叫 gpio_set_level() 函式讓 LED 亮起來：

```
esp_err_t led_post_handler(httpd_req_t *req)
{
    char buf[100];
    int ret, remaining = req->content_len;

    while (remaining > 0) {
        buf[0] = '\0';
        if ((ret = httpd_req_recv(req, &buf, 1)) <= 0) {
            if (ret == HTTPD_SOCK_ERR_TIMEOUT) {
                httpd_resp_send_408(req);
            }
            return ESP_FAIL;
        }
        buf[ret] = '\0';
        ESP_LOGI(TAG, "Recv HTTP => %s", buf);
        if (buf[0] == '1') {
            ESP_LOGI(TAG, "====================================");
            ESP_LOGI(TAG, ">>> Turn on LED");
            gpio_set_level(LED1, 1);
            httpd_resp_send_chunk(req, "Turn on LED", ret);
        }
        else
        if (buf[0] == '0') {
            ESP_LOGI(TAG, "====================================");
            ESP_LOGI(TAG, ">>> Turn off LED");
            gpio_set_level(LED1, 0);
```

```
            httpd_resp_send_chunk(req, "Turn off LED", ret);
        }
        else {
            ESP_LOGI(TAG, "====================================");
            ESP_LOGI(TAG, ">>> Unknow command");
            httpd_resp_send_chunk(req, "Unknow command", ret);
        }
        remaining -= ret;
    }

    // 結束回應
    httpd_resp_send_chunk(req, NULL, 0);
    return ESP_OK;
}
```

5. 接著，要寫程式讓 ESP32 開發板作為網路伺服器來使用。

◉ 編寫網路伺服器程式

本節要運用本章前面學到的內容來實作一個網路伺服器：

1. 呼叫 `initialize_gpio()` 與 `initialize_wifi()` 函式來初始化 GPIO 與 Wi-Fi，如下：

```
void app_main()
{
    static httpd_handle_t server = NULL;
    ESP_ERROR_CHECK(nvs_flash_init());
    initialize_gpio();
    initialize_wifi(&server);
}
```

2. 在 `initialize_gpio()` 函式中，也要設定該 GPIO 腳位為輸出模式，如下：

```
static void initialize_gpio(){
    // 設定 GPIO 腳位編號與模式
    gpio_pad_select_gpio(LED1);
    gpio_set_direction(LED1, GPIO_MODE_OUTPUT);
}
```

3. 初始化 Wi-Fi 服務是在 initialize_wifi() 函式中完成的，請正確設定 SSID 與 SSID_KEY 才能連到指定的 Wi-Fi 網路：

```
static void initialize_wifi(void *arg)
{
    tcpip_adapter_init();
    ESP_ERROR_CHECK(esp_event_loop_init(event_handler, arg));
    wifi_init_config_t cfg = WIFI_INIT_CONFIG_DEFAULT();
    ESP_ERROR_CHECK(esp_wifi_init(&cfg));
    ESP_ERROR_CHECK(esp_wifi_set_storage(WIFI_STORAGE_RAM));
    wifi_config_t wifi_config = {
        .sta = {
            .ssid = "SSID",
            .password = "SSID_KEY",
        },
    };
    ESP_LOGI(TAG, "Setting Wi-Fi configuration SSID %s...", wifi_config.
sta.ssid);
    ESP_ERROR_CHECK(esp_wifi_set_mode(WIFI_MODE_STA));
    ESP_ERROR_CHECK(esp_wifi_set_config(ESP_IF_WIFI_STA, &wifi_config));
    ESP_ERROR_CHECK(esp_wifi_start());
}
```

4. 另外也定義了 event_handler() 函式，用於監聽來自 Wi-Fi 服務的各個事件。當我們透過 system_event_sta_got_ip 事件收到了 IP 位址之後，就呼叫 start_webserver() 函式來啟動網路伺服器。

   如果收到了 SYSTEM_EVENT_STA_DISCONNECTED 事件，程式就會斷開與指定 Wi-Fi 的連線。接著，要重新連上原本的 Wi-Fi 網路，並呼叫 stop_webserver() 函式來停止網路伺服器：

```
static esp_err_tevent_handler(void *ctx, system_event_t *event)
{
    httpd handle t *server = (httpd_handle_t *) ctx;

    switch(event->event_id) {
    case SYSTEM_EVENT_STA_START:
        ESP_LOGI(TAG, "SYSTEM_EVENT_STA_START");
        ESP_ERROR_CHECK(esp_wifi_connect());
        break;
    case SYSTEM_EVENT_STA_GOT_IP:
```

```
        ESP_LOGI(TAG, "SYSTEM_EVENT_STA_GOT_IP");
        ESP_LOGI(TAG, "Got IP: '%s'",
                ip4addr_ntoa(&event->event_info.got_ip.ip_info.ip));

        /* 啟動網路伺服器 */
        if (*server == NULL) {
            *server = start_webserver();
        }
        break;
    case SYSTEM_EVENT_STA_DISCONNECTED:
        ESP_LOGI(TAG, "SYSTEM_EVENT_STA_DISCONNECTED");
        ESP_ERROR_CHECK(esp_wifi_connect());

        /* 停止網路伺服器 */
        if (*server) {
            stop_webserver(*server);
            *server = NULL;
        }
        break;
    default:
        break;
    }
    return ESP_OK;
}
```

5. 啟動與停止網路伺服器的做法與 webserver 專案相同。以下是 start_webserver() 與 stop_webserver() 函式的程式碼實作：

```
httpd_handle_t start_webserver(void)
{
    httpd_handle_t server = NULL;
    httpd_config_t config = HTTPD_DEFAULT_CONFIG();

    // 啟動 httpd 伺服器
    ESP_LOGI(TAG, "Starting server on port: '%d'", config.server_port);
    if (httpd_start(&server, &config) == ESP_OK) {
        // Set URI handlers
        ESP_LOGI(TAG, "Registering URI handlers");
        httpd_register_uri_handler(server, &led_post);
        return server;
    }

    ESP_LOGI(TAG, "Error starting serer!");
```

```
    return NULL;
}

void stop_webserver(httpd_handle_t server)
{
    // 停止 httpd 伺服器
    httpd_stop(server);
}
```

6. 儲存所有程式碼，再來要進行測試了。

◉ 測試程式

編譯並把本專案程式上傳到 ESP32 開發板。開啟序列通訊軟體來看看 ESP32 的輸出結果，應該會看到 ESP32 開發板的 IP 位址。如果沒看到的話，請重置開發板。圖 5-11 是我的 ESP32 開發板所取得的 IP 位址：

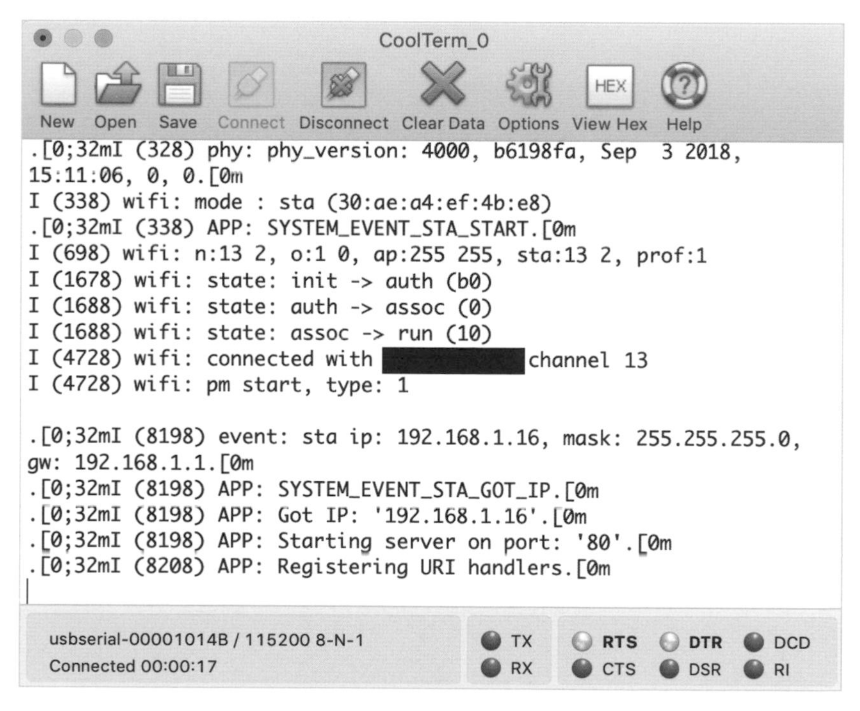

▲ **圖 5-11**：程式輸出畫面可看到 ESP32 開發板的 IP 位址

在此使用 Postman 軟體來測試：

1. 使用以下標頭來設定 HTTP POST 請求：

```
Content-Type: application/x-www-form-urlencoded
```

2. 在 Postman 軟體中，請對 body 選擇 **raw** 選項。接著，指定主體內容為數值 1，如圖 5-12：

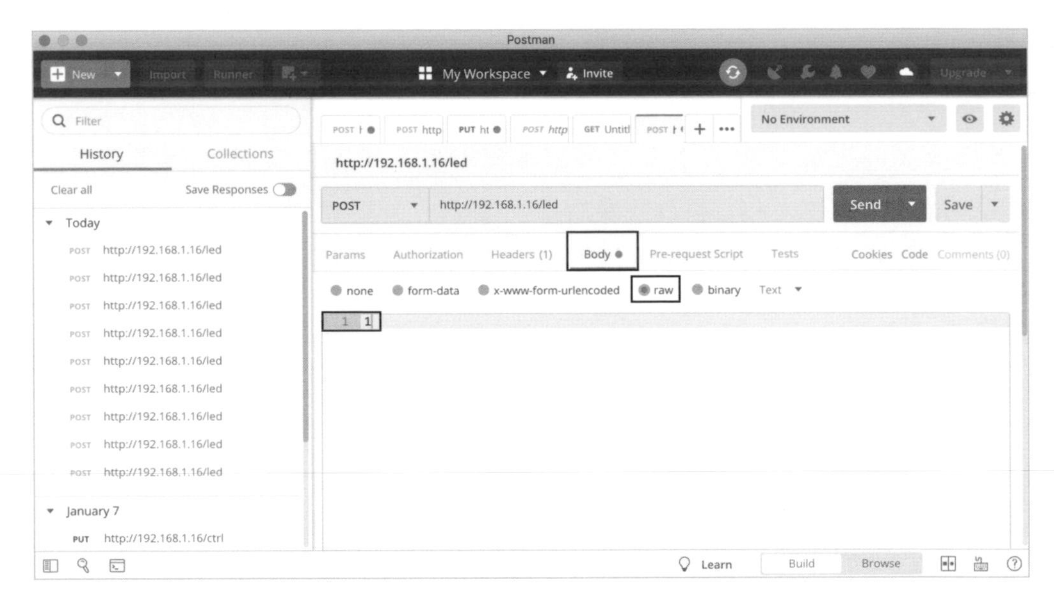

▲ **圖 5-12**：使用 Postman 送出 HTTP 請求

3. 按下 **Send** 按鈕來執行 HTTP post 請求，應可在序列通訊軟體中看到 ESP32 程式的輸出畫面，如圖 5-13。從 Postman 收到數值 1 之後，ESP32 所接的 LED 應該會亮起來：

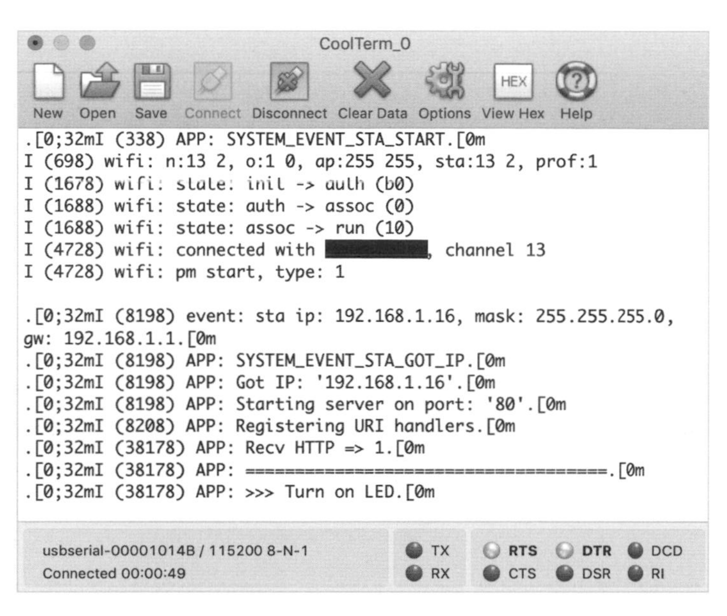

▲ **圖 5-13**：ESP32 程式在 LED 點亮時的輸出畫面

4. 試試看改變請求的數值，在 Postman 軟體中（回顧前述步驟 2）將數值由 `1` 改為 `0`。修改完成之後，按下 **Send** 按鈕，這時候應該會看到 LED 熄滅了。圖 5-14 是 ESP32 的程式輸出：

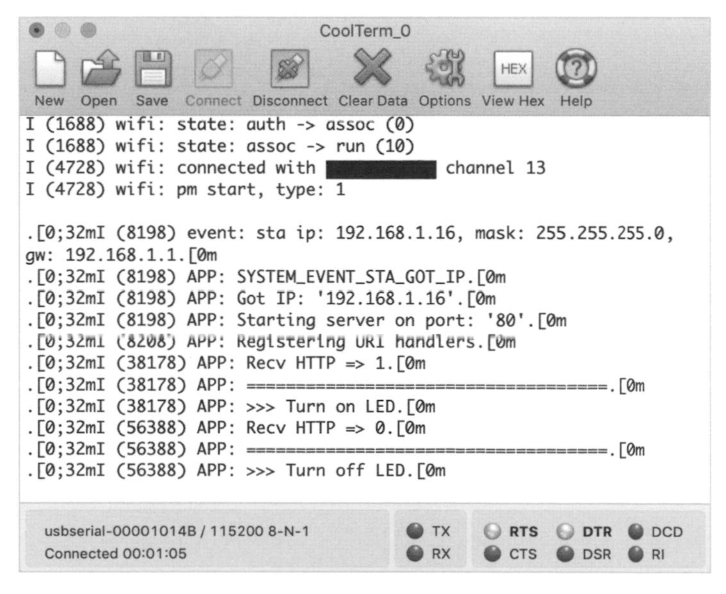

▲ **圖 5-14**：ESP32 程式在 LED 熄滅時的輸出畫面

5. 最後，請透過 Postman 發送除了 0 與 1 之外的任何訊息，應該可以看到 ESP32 程式顯示了 "unknown command" 訊息，如圖 5-15：

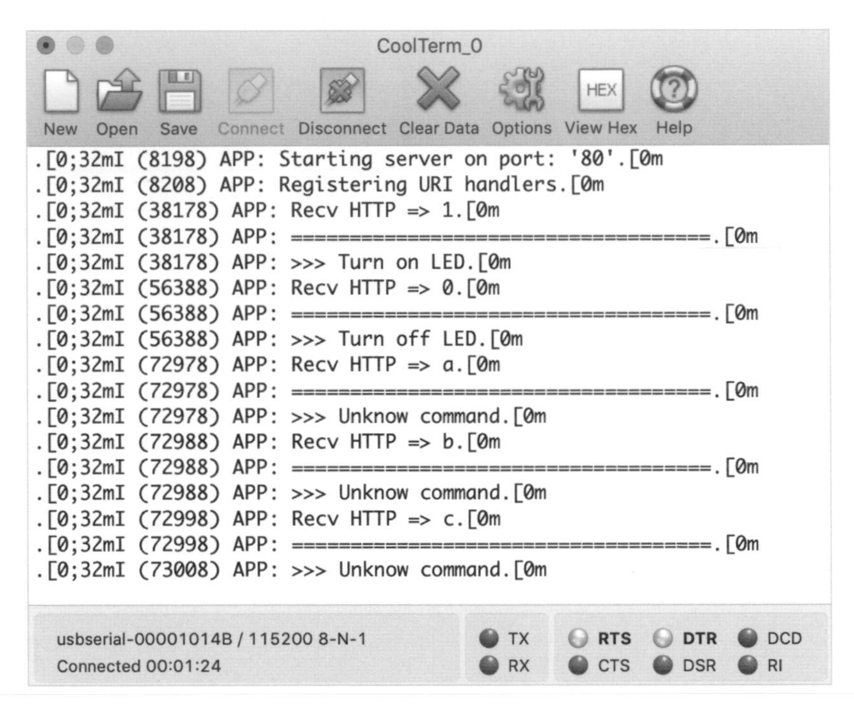

▲ **圖 5-15**：ESP32 程式在 HTTP 需求非 1 也非 0 時的輸出畫面

本章到此結束。你可以試著設計更多 HTTP 請求來控制感測器與致動器。

5.8 總結

本章首先介紹了如何讓 ESP32 開發板進行 Wi-Fi 相關操作。接著，讓 ESP32 開發板連上網際網路並與網路伺服器通訊。我們也讓 ESP32 開發板變成一個簡易版的網路伺服器。最後，實作了一個智慧家庭小專案，可以透過網路來控制板子上的 LED 亮滅。

下一章要告訴你，如何使用 ESP32 開發板製作一個物聯網氣象站系統。

CHAPTER

6

物聯網氣象站

本章要繼續探討與製作以物聯網為基礎的天氣監控系統相關知識。在第 2 章中已有初步談過，本章會加入網路互動功能來開發一個氣象監控系統。再者，我們也會介紹如何處理想要存取服務之客戶端的請求。

本章內容如下：

- 氣象站簡介
- 製作物聯網氣象站
- 讓天氣監控系統處理大量資料請求

6.1 技術需求

開始之前，請確認你已準備好以下項目：

- 安裝好作業系統的電腦，作業系統可為 Windows、Linux 或 macOS。
- 一片 ESP32 開發板，建議使用 Espressif 自家的 ESP-WROVER-KIT 開發板。
- 可連接網際網路的 Wi-Fi 網路。

6.2 氣象站簡介

第 2 章介紹了何謂天氣監控系統。為了達成本章目標，必須先對天氣監控系統有基本的認識。本章會聚焦在如何製作氣象站。氣象站的功能會比天氣監控系統來得更多；我們可以把一筆量測結果發送到氣象站的後端伺服器。一般來說，簡易版的物聯網氣象站架構可參考圖 6-1，並包含了以下模組：

- **微控制器（MCU）**：用於進行所有運算。
- **環境感測器**：這類感測器可把物理狀態轉換為數位形式。以氣象站來說，環境感測器可包含溫度、濕度與風速風向等。
- **網路模組**：把感測器資料發送到伺服器或閘道器，後續再把這些資料分配到其他系統。

氣象站的簡易架構圖如下：

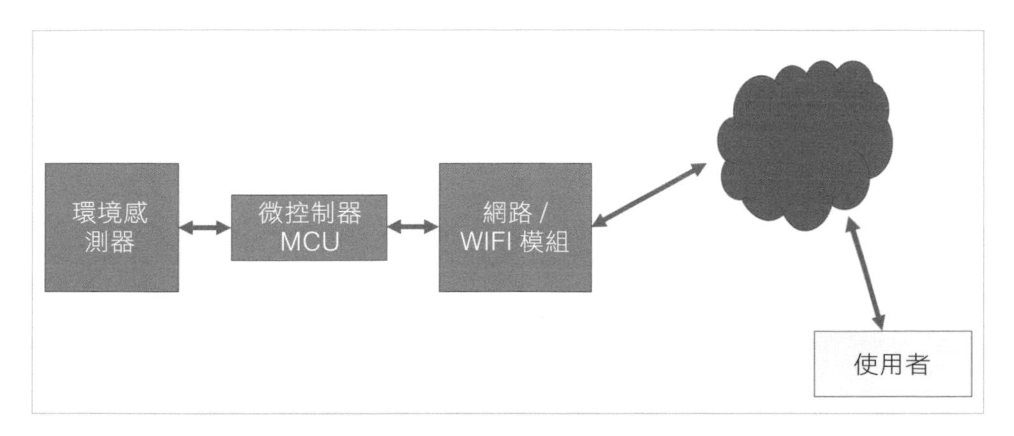

▲ **圖 6-1**：氣象站的簡易架構圖

本章會介紹如何使用 ESP32 開發板來做一個簡單的氣象站。為此，會用到 DHT 模組作為環境感測器，另外，本專題也會運用雲端服務等相關技術。

6.3 操作 DHT 感測器

氣象站當然需要用到環境感測器。第 2 章「在 LCD 上視覺化呈現資料與動畫」中介紹了如何由 DHT22 模組取得溫度與濕度狀態並將其顯示於 LCD 小螢幕。

為了操作 DHT22，需要宣告 DHT 模組型號與接到 ESP32 的 GPIO 腳位編號：

```
#include <dht.h>
static const dht_sensor_type_t sensor_type = DHT_TYPE_DHT22;
static const gpio_num_t dht_gpio = 26;
```

如果要取得 DHT22 模組的溫濕度值，可搭配 temperature 與 humidity 變數來呼叫 dht_read_data() 函式，如下：

```
int16_t temperature = 0;
int16_t humidity = 0;

dht_read_data(sensor_type, dht_gpio, &humidity, &temperature);
```

下一節要使用 ESP32 來實作氣象站了。

6.4 製作物聯網氣象站

本節要使用 ESP32 開發板與 DHT22 模組製作一個簡易的物聯網氣象站，在此要把 ESP32 變成一個網路伺服器，並設計 /weather HTTP 請求來處理溫度與濕度。本專案的情境如下：

- 使用者可透過瀏覽器輸入以下請求來存取氣象站：

  `http://<esp32_server>/weather`

- ESP32 程式可以處理 /weather 請求。
- ESP32 程式可讀取來自 DHT22 模組的溫度與濕度值。
- ESP32 程式將溫度與濕度資料包成 HTML 作為回應發送出去。

本專案的架構示意圖如下：

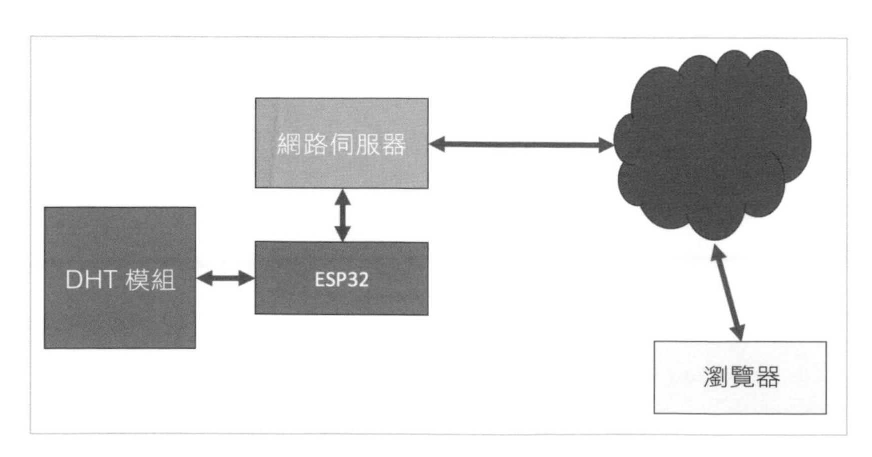

▲ **圖 6-2**：使用 ESP32 來實作氣象站

我們會透過網路瀏覽器來測試本專案，因此需要一個可用的 Wi-Fi 網路來讓 ESP32 開發板連線並處理天氣資訊。

好，開始吧！

◉ 硬體接線

本專案的硬體接線方式與第 2 章的天氣專案相同，DHT22 模組要接到 ESP32 開發板的 IO26 腳位。

◉ 編寫程式

新增一個名為 weatherweb 的專案，主程式是在 main 資料夾中的 weatherweb.c，程式碼說明如下：

1. 初始化所有必要的標頭，如下：

```
#include <esp_wifi.h
#include <esp_event_loop.h>
#include <esp_log.h>
#include <esp_system.h>
#include <nvs_flash.h>
#include <sys/param.h>
#include <esp_http_server.h>
```

2. 定義 DHT 模組型號為 DHT22，以及所連接的 GPIO 腳位編號為 26：

```
#include <dht.h
static const dht_sensor_type_t sensor_type = DHT_TYPE_DHT22;
static const gpio_num_t dht_gpio = 26;
```

3. 在 WEATHER_TXT 變數中完成 HTML 回應：

```
static const char *TAG="APP";
static const char *WEATHER_TXT =
"<html>"
"<head><title>%s</title></head>"
"<body>"
```

```
"<p>Temperature: %d </p>"
"<p>Humidity: %d %%</p>"
"</body>"
"</html>";
```

可看到 WEATHER_TXT 變數中包含了 %s 與 %d，這兩個參數會被嵌入在網頁的標題與內文中，其中包含了來自 ESP32 程式的溫度值、回應與濕度值。

4. 接著定義主程式中的 app_main() 函式。定義 http_handle_t 作為網路伺服器變數，再來呼叫 initialize_wifi() 函式並送入 server 變數來初始化 Wi-Fi 服務：

```
void app_main()
{
    static httpd_handle_t server = NULL;
    ESP_ERROR_CHECK(nvs_flash_init());
    initialize_wifi(&server);
}
```

5. 實作 initialize_wifi() 函式來連接指定 Wi-Fi 熱點並啟動 Wi-Fi 服務。請根據你要連線的 Wi-Fi 熱點來修改 SSID 與 SSID_KEY。把 event_handle() 函式送入 esp_event_loop_init() 函式來監聽相關的 Wi-Fi 服務事件：

```
static void initialize_wifi(void *arg)
{
    tcpip_adapter_init();
    ESP_ERROR_CHECK(esp_event_loop_init(event_handler, arg));
    wifi_init_config_t cfg = WIFI_INIT_CONFIG_DEFAULT();
    ESP_ERROR_CHECK(esp_wifi_init(&cfg));
    ESP_ERROR_CHECK(esp_wifi_set_storage(WIFI_STORAGE_RAM));
    wifi_config_t wifi_config = {
        .sta = {
            .ssid = "SSID",
            .password = "SSID_KEY",
        },
    };
```

使用 esp_wifi_mode() 函式將 ESP32 的 Wi-Fi 模式設定為 WIFI_MODE_STA。所有 Wi-Fi 設定都會被送入 esp_wifi_set_config() 函式來執行 ESP32 Wi-Fi 服務。在此呼叫 esp_wifi_start() 函式來啟動 Wi-Fi 服務：

```
    ESP_LOGI(TAG, "Setting Wi-Fi configuration SSID %s...", wifi_config.sta.
ssid);
    ESP_ERROR_CHECK(esp_wifi_set_mode(WIFI_MODE_STA));
    ESP_ERROR_CHECK(esp_wifi_set_config(ESP_IF_WIFI_STA, &wifi_config));
    ESP_ERROR_CHECK(esp_wifi_start());
}
```

event_handler() 函式會監聽以下事件：SYSTEM_EVENT_STA_START、SYSTEM_EVENT_STA_GOT_IP 與 SYSTEM_EVENT_STA_DISCONNECTED。接著再根據以下步驟來處理傳入的事件：

1. 當收到 SYSTEM_EVENT_STA_START 事件時，呼叫 esp_wifi_connect() 來連上指定的 Wi-Fi 網路：

```
static esp_err_tevent_handler(void *ctx, SYSTEM_event_t *event)
{
    httpd_handle_t *server = (httpd_handle_t *) ctx;
    switch(event->event_id) {
    case SYSTEM_EVENT_STA_START:
        ESP_LOGI(TAG, "SYSTEM_EVENT_STA_START");
        ESP_ERROR_CHECK(esp_wifi_connect());
        break;
```

2. 當收到 SYSTEM_EVENT_STA_GOT_IP 事件時，呼叫 start_webserver() 來啟動網路伺服器：

```
case SYSTEM_EVENT_STA_GOT_IP:
    ESP_LOGI(TAG, "SYSTEM_EVENT_STA_GOT_IP");
    ESP_LOGI(TAG, "Got IP: '%s'",
            ip4addr_ntoa(&event->event_info.got_ip.ip_info.ip));

    /* 啟動網路伺服器 */
    if (*server == NULL) {
    *server = start_webserver();
}
```

```
break;
```

3. 當收到 SYSTEM_EVENT_STA_DISCONNECTED 事件時，呼叫 stop_webserver() 函式來停止網路伺服器。

4. 呼叫 esp_wifi_connect() 函式來重新連接 Wi-Fi：

```
case SYSTEM_EVENT_STA_DISCONNECTED:
        ESP_LOGI(TAG, "SYSTEM_EVENT_STA_DISCONNECTED");
        ESP_ERROR_CHECK(esp_wifi_connect());

        /* 停止網路伺服器 */
        if (*server) {
            stop_webserver(*server);
            *server = NULL;
        }
        break;
```

5. 再來要實作 start_webserver() 與 stop_webserver() 函式。當網路伺服器啟動時，使用 httpd_register_uri_handler() 函式並送入 weather 變數來註冊 /weather HTTP 請求。當程式收到 /weather HTTP 請求時，就呼叫 weather 變數中的函式。在此可以呼叫 httpd_stop() 函式來停止網路伺服器：

```
httpd_handle_t start_webserver(void)
{
    httpd_handle_t server = NULL;
    httpd_config_t config = HTTPD_DEFAULT_CONFIG();

    // 啟動 httpd 伺服器
    ESP_LOGI(TAG, "Starting server on port: '%d'", config.server_port);
    if (httpd_start(&server, &config) == ESP_OK) {
        // Set URI handlers
        ESP_LOGI(TAG, "Registering URI handlers");
        httpd_register_uri_handler(server, &weather);
        return server;
    }

    ESP_LOGI(TAG, "Error starting server!");
    return NULL;
}
```

6. stop_webserver() 函式是用來停止網路伺服器服務，在此也同樣會呼叫 httpd_stop() 來停止網路伺服器：

```
void stop_webserver(httpd_handle_t server)
{
    // 停止 httpd 伺服器
    httpd_stop(server);
}
```

7. 定義 weather 變數為 httpd_uri_t 型態，再把 /weather HTTP 請求定義於其中的 uri。完成之後，把 weather_get_handler() 函式送入處理器，如下：

```
httpd_uri_t weather = {
    .uri = "/weather",
    .method = HTTP_GET,
    .handler = weather_get_handler,
    .user_ctx = "ESP32 Weather System"
};
```

8. 實作 weather_get_handler() 函式，其中用到 dht_read_data() 函式來讀取 DHT22 模組的溫度與濕度值：

```
esp_err_t weather_get_handler(httpd_req_t *req)
{
    ESP_LOGI(TAG, "Request headers lost"); int16_t temperature = 0;
    int16_t humidity = 0;
    char tmp_buff[256];

    if (dht_read_data(sensor_type, dht_gpio, &humidity, &temperature) ==
ESP_OK)
    {
        sprintf(tmp_buff, WEATHER_TXT, (const char*) req->user_ctx,
temperature/10, humidity/10);
    }
```

9. 接著，使用 httpd_resp_send() 函式來送出一筆回應訊息，如下：

```
httpd_resp_send(req, tmp_buff, strlen(tmp_buff));

if (httpd_req_get_hdr_value_len(req, "Host") == 0) {
    ESP_LOGI(TAG, "Request headers lost");
}
```

儲存所有程式碼，接著要來測試了。

◉ 測試程式

weatherweb 專案完成了，現在請用以下指令來編譯並把程式上傳到 ESP32 開發板：

```
$ make flash
```

現在可以測試程式了。為此，請開啟 CoolTerm 這類的序列通訊程式來連上 ESP32 開發板。應可從輸出畫面中看到 ESP32 開發板從 Wi-Fi 熱點取得了 IP 位址，如下圖：

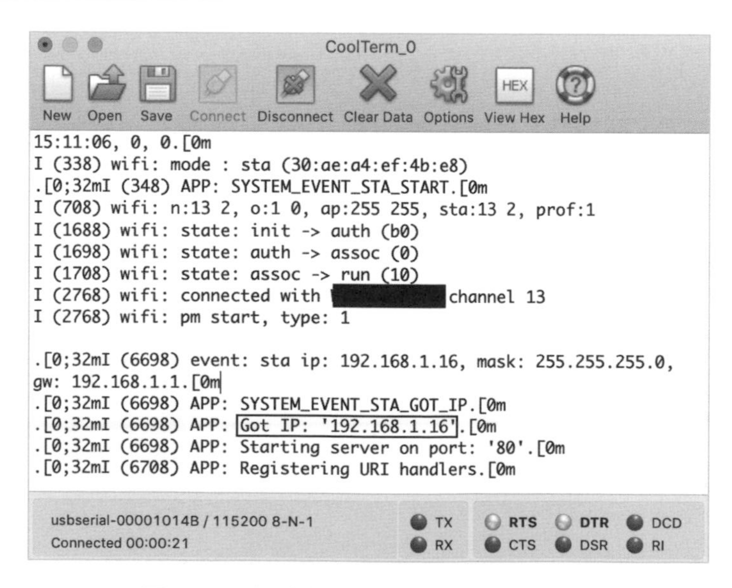

▲ 圖 6-3：序列終端機中的 ESP32 程式輸出

例如，如果 ESP32 開發板的 IP 位址是 192.168.1.16，請開啟瀏覽器並輸入以下網址，應該可以在網頁上看到來自 ESP32 開發板的溫度與濕度值，如圖 6-4。

http://192.168.1.16/weather

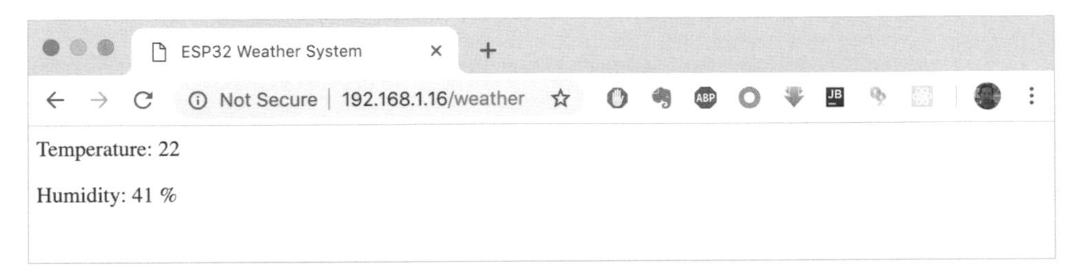

▲ **圖 6-4**：將 ESP32 的一筆感測器資料送上網頁

現在已經完成一個小程式，它收到請求之後就可以提供溫度與濕度資料。接著，我們要讓氣象站程式可以自動更新。

6.5 自動更新的氣象站程式

現在要建立 weatherweb 專案。在此，我們會透過瀏覽器來接收溫度與濕度等資訊。如果想要取得最新的 ESP32 開發板資訊的話，就必須手動對 ESP32 開發板發出一個新的請求。現在要把這件事自動化， 如下：

1. 請在 <meta> 標籤中使用 http-equiv="refresh"，讓 HTML 進行自動更新。請宣告 WEATHER_TXT_REF 變數來修改 weatherweb 專案：

```
static const char *WEATHER_TXT_REF =
"<html>"
"<head><title>%s</title>"
"<meta http-equiv=\"refresh\" content=\"5\" >"
"</head>"
"<body>"
"<p>Temperature: %d </p>"
```

```
"<p>Humidity: %d %%</p>"
"</body>"
"</html>";
```

2. 在 weather_get_handler() 函式中，把 sprintf() 函式中的 WEATHER_TXT 改為 WEATHER_TXT_REF：

```
esp_err_t weather_get_handler(httpd_req_t *req)
{
    ESP_LOGI(TAG, "Request headers lost");
    int16_t temperature = 0;
    int16_t humidity = 0;
    char tmp_buff[256];

    if (dht_read_data(sensor_type, dht_gpio, &humidity, &temperature) ==
ESP_OK)
    {
        sprintf(tmp_buff, WEATHER_TXT_REF, (const char*) req->user_ctx,
temperature/10, humidity/10);
    }else{
        tmp_buff[0]='\0';
    }
```

接著，呼叫 http_resp_send() 函式把資料發送給客戶端：

```
    httpd_resp_send(req, tmp_buff, strlen(tmp_buff));

    if (httpd_req_get_hdr_value_len(req, "Host") == 0) {
        ESP_LOGI(TAG, "Request headers lost");
    }
    return ESP_OK;
}
```

3. 儲存程式，編譯並將程式上傳到 ESP32 開發板。

4. 現在要來測試程式；開啟瀏覽器並輸入這個網址：http://<ESP32 的 IP 位址 >/weather。應該會看到如上一節的網頁，瀏覽器每 5 秒鐘會自動更新一次畫面。

氣象站設定完成了，並將其設定為每 5 秒鐘自動更新一次，接著要來處理規模問題。

6.6 讓氣象站可以處理大量資料請求

ESP32 開發板的資源當然是有限的，但我們可以充分運用 ESP32 開發板的效能來處理客戶端的大量請求。如果要處理來自客戶端的大量請求的話，可以採用生產伺服器，它會對 ESP32 開發板發送一個請求，接著對所有請求者或客戶端發送廣播。

ESP32 開發板如何處理大量請求的示意圖如圖 6-5。我們可用 Node.js 作為網路伺服器來處理客戶端的請求。另外也會用到 `Socket.io` 來把訊息廣播給所有請求者。`Socket.io` 運用了 WebSocket 技術在瀏覽器上做到全雙工的 TCP 連線。

想要更了解 socket.io，可以參考其官方網站：

https://socket.io/

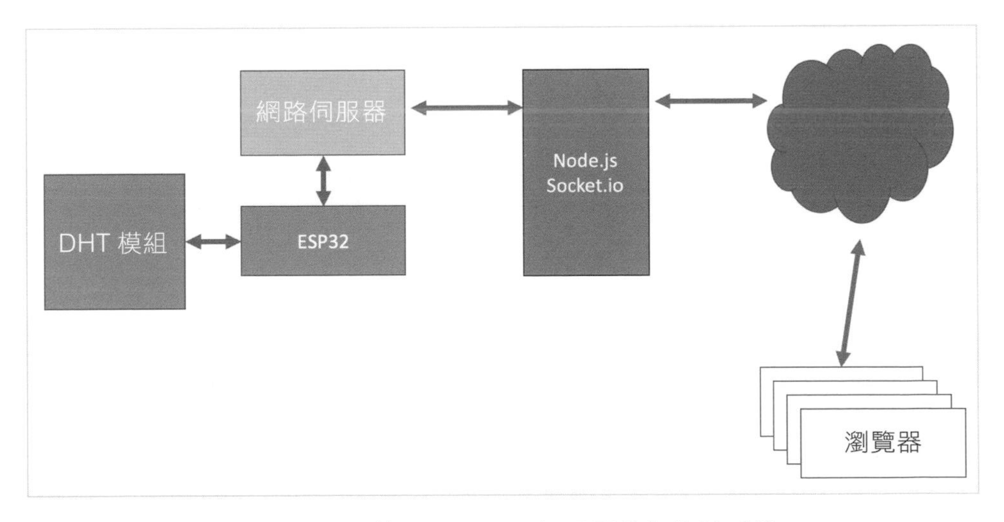

▲ **圖 6-5**：使用 Node.js 伺服器做為後端系統

本節要用 Node.js 與 Socket.io 來開發程式，藉此來處理所有對於 ESP32 開發板所接感測器的請求。Node.js 還可以把 ESP32 開發板的溫度資料視覺化呈現。

下一節要來開發 ESP32 開發板的程式了。

◉ 編寫 ESP32 程式

本節不需要新增專案；在此會沿用先前的 weatherweb 專案：

1. 再新增一個 HTTP 請求，為此會用到 temperature_get_handler() 處理器函式來建立 /temp HTTP 請求，接著再宣告一個 weather_temp 來包含 /temp 請求：

```
esp_err_t temperature_get_handler(httpd_req_t *req)
{
    ...
}

httpd_uri_t weather_temp = {
    .uri = "/temp",
    .method = HTTP_GET,
    .handler = temperature_get_handler,
    .user_ctx = "ESP32 Weather System"
};
```

2. 在 temperature_get_handler() 函式中，呼叫 dht_read_data() 函式來讀取 DHT22 模組的溫度資料：

```
    int16_t temperature = 0;
    int16_t humidity = 0;
    char tmp_buff[10];

if (dht_read_data(sensor_type, dht_gpio, &humidity, &temperature) == ESP_OK)
    {
        sprintf(tmp_buff, "%d",temperature/10);
    }else{
        tmp_buff[0]='\0';
    }
```

3. 完成之後，把溫度資料發送給請求者：

```
httpd_resp_send(req, tmp_buff, strlen(tmp_buff));

if (httpd_req_get_hdr_value_len(req, "Host") == 0) {
    ESP_LOGI(TAG, "Request headers lost");
}
```

4. 使用預設設定來初始化 `httpd_config_t`，如下：

```
httpd_handle_t start_webserver(void)
{
    httpd_handle_t server = NULL;
    httpd_config_t config = HTTPD_DEFAULT_CONFIG();
```

5. 使用 `httpd_register_uri_handler()` 來註冊 `/temp` 請求，為此要把 `weather_temp` 變數送入 `httpd_register_uri_handler()` 函式：

```
// 啟動 httpd 伺服器
ESP_LOGI(TAG, "Starting server on port: '%d'", config.server_port);
if (httpd_start(&server, &config) == ESP_OK) {
    // Set URI handlers
    ESP_LOGI(TAG, "Registering URI handlers");
    httpd_register_uri_handler(server, &weather);
    httpd_register_uri_handler(server, &weather_temp);
    return server;
}
```

最後，儲存所有程式。下一節要來開發 Node.js 應用程式。

◉ 編寫 Node.js 程式

本節要編寫 Node.js 專案，請先下載：

Node.js：https://nodejs.org

建立一個名為 `weatherfeeder.js` 的資料夾作為本節的 Node.js 專案。資料夾中需有以下檔案：

- App.js：Node.js 主程式。
- package.json：Node.js 專案的設定檔。
- weather.html：用於呈現感測器資料的 HTML 網頁。

專案結構如圖 6-6：

weatherfeeder.js
flot
node_modules
.gitattributes
.gitignore
App.js
package-lock.json
package.json
weather.html

▲ **圖 6-6**：weatherfeeder.js 的專案結構

在此可用 Flot charts 函式庫來視覺化呈現感測器資料，網址如下：

https://www.flotcharts.org/

請下載並解壓縮 Flot 到本專案資料夾中。然後開始撰寫程式：

1. 完成 package.json 的內容，如下：

```
{
   "name": "weatherfeeder",
   "description": "Feeding temperature using Node.js,
                   socket.io, and flot.js",
   "version": "0.0.1",
   "private": true,
   "dependencies": {
      "socket.io": "latest"
   }
}
```

2. 存檔之後，請用以下終端機指令來安裝所需的相依函式庫。當然，這時候需要網路連線：

```
$ npm install
```

這會在你的專案中安裝 Socket.io。

3. 接著編寫 weather.html 內容，在此會用到剛剛下載的 Flot 函式庫來視覺化呈現感測器資料。Socket.io 負責取得 ESP32 取得感測器資料，因此要在 weather.html 中加入 Socket.io 相關語法：

```
var socket = io.connect();
var items = [];
var counter = 0;

socket.on('data', function (data) {
    items.push([counter, data]);
    counter = counter + 1;
    if (items.length > 20)
        items.shift();
    $.plot($("#placeholder"), [items]);
});
```

4. 接著要編譯 App.js 主程式，使用 http.createServer() 函式來啟動網路伺服器並處理 HTTP 請求。

5. 當使用者從瀏覽器進行 / 請求時，送出 weather.html。Socket.io 會根據資料事件來處理資料請求。

6. 請把 esp32_req 變數內容修改為 ESP32 開發板的 IP 位址。Socket.io 會接續呼叫 ESP32 網路伺服器來取得感測器資料：

```
var http = require('http');
var path = require('path');
var fs = require('fs');

// 修改埠號
var port = process.env.PORT || 80; //8345;
// ESP32 伺服器
var esp32_req = "http://192.168.1.16/temp";
```

7. 使用 HTTP 模組的 createServer() 函式來建立一個伺服器物件。在此會對應所有 JavaScript 與 CSS 檔案的路徑，如下：

```
var srv = http.createServer(function (req, res) {
    var filePath = '.' + req.url;
    if (filePath == './')
        filePath = './weather.html';

    var extname = path.extname(filePath);
    var contentType = 'text/html';
    switch (extname) {
        case '.js':
            contentType = 'text/javascript';
            break;
        case '.css':
            contentType = 'text/css';
            break;
    }
```

8. 再來要檢查被請求的檔案。如果被請求的檔案可用的話，就讀取並將其發送給客戶端，否則就在 HTTP 標頭加入錯誤訊息：

```
fs.exists(filePath, function(exists) {
    if (exists) {
        fs.readFile(filePath, function(error, content) {
            if (error) {
                res.writeHead(500);
                res.end();
            } else {
                res.writeHead(200, {
                    'Content-Type' : contentType
                });
                res.end(content, 'utf-8');
            }
        });
    } else {
        res.writeHead(404);
        res.end();
    }
});
```

9. 接著，伺服器會透過 listen() 函式來監聽特定的埠號：

```
gw_srv = require('socket.io').listen(srv);
srv.listen(port);
console.log('Server running at http://127.0.0.1:' + port +'/');
```

10. 使用 sockets.on() 來監聽 'connection' 事件，接著讀取客戶端請求，如下：

```
gw_srv.sockets.on('connection', function (socket) {
    var dataPusher = setInterval(function (){
        //socket.volatile.emit('data', Math.random() * 100);
        http.get(esp32_req, (resp) => {
        let data = '';
```

11. 另外，也會監聽 'data' 事件來讀取傳入的資料，以及 'end' 代表客戶端資料已讀取完畢：

```
// 已收到一段資料
resp.on('data', (chunk) => {
    data += chunk;
});
// 已收到完整的回應，將結果顯示出來
resp.on('end', () => {
    console.log('Received data: ',data);
    socket.volatile.emit('data', data);
    //console.log(JSON.parse(data).explanation);
});
}).on("error", (err) => {
    console.log("Error: " + err.message);
});
```

12. 儲存程式。

Node.js 程式完成了，現在來測試吧！

◎ 測試程式

請根據以下步驟來測試程式：

1. 如前一節「**編寫 ESP32 程式**」所述，請編譯並把 `weatherweb` 專案燒錄到 ESP32 開發板，接著使用瀏覽器來測試 `/temp` 請求。

2. 完成之後，使用瀏覽器開啟 `http://<ESP32 的 IP 位址 >/temp`。

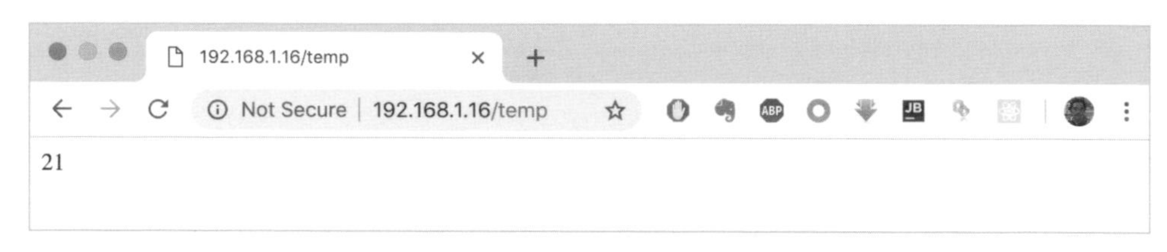

▲ **圖 6-7**：透過瀏覽器取得溫度資料

3. 使用以下 node 指令來執行 `App.js` 程式：

```
$ node App.js
```

本程式會在作業系統的背景執行，可按下 *Ctrl* + *C* 組合鍵來停止程式。

Node.js 程式執行後的畫面請參考圖 6-8：

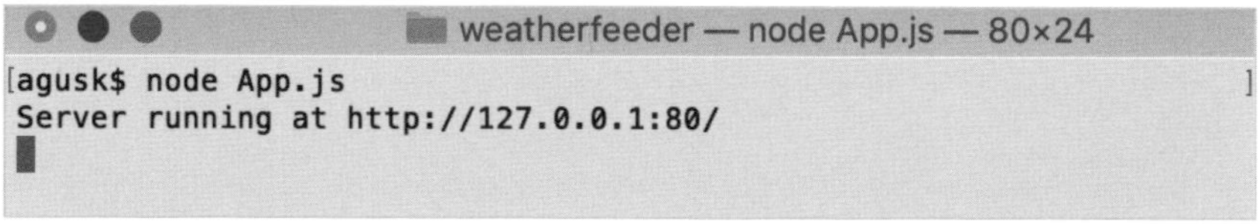

```
weatherfeeder — node App.js — 80×24
agusk$ node App.js
Server running at http://127.0.0.1:80/
```

▲ **圖 6-8**：在 Node.js 環境中執行網路伺服器

4. 開啟瀏覽器，並輸入 Node.js 程式的 IP 位址，應可在網頁上看到溫度資料的視覺化呈現，如圖 6-9：

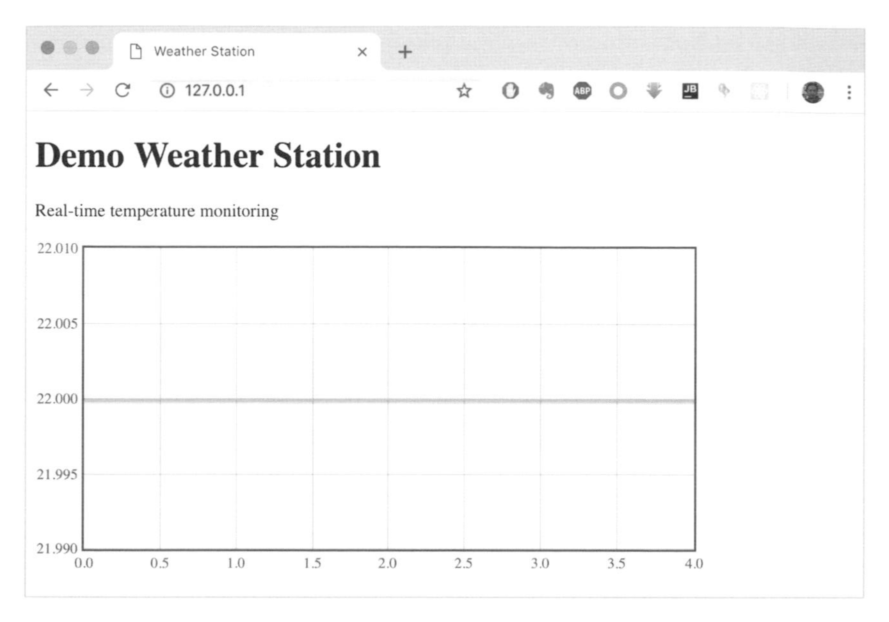

▲ **圖 6-9**：從瀏覽器中檢視溫度資料的程式畫面

瀏覽器會接受來自 weatherfeeder 伺服器的溫度感測器資訊。圖 6-9 中的圖形化網頁，其中 x 軸代表資料計數，y 軸代表溫度值。由上圖可知，溫度值為 22 °C。

另外也可以在終端機看到 weatherfeeder 這個 Node.js 的程式輸出，如圖 6-10：

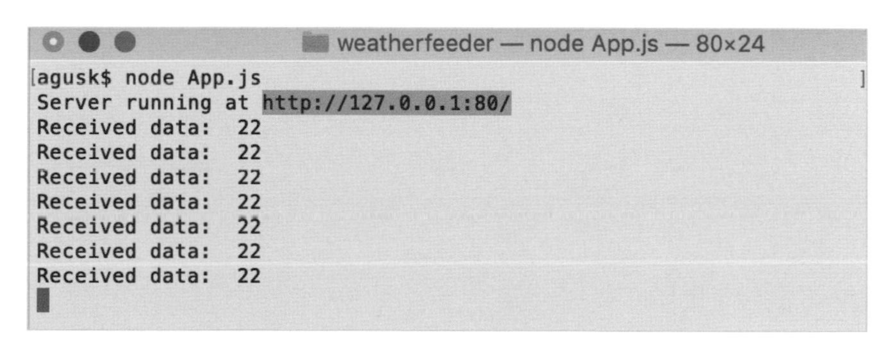

▲ **圖 6-10**：伺服器程式的終端機輸出畫面

你也可以用 CoolTerm 這類的序列通訊軟體檢視來自 ESP32 開發板的溫度資料。

請加入更多感測器以及 Flot 官網上的 HTML5 視覺化工具來讓這個專案更豐富，也可以玩玩看 Flot 的範例。

6.7 總結

本章示範了如何使用 ESP32 與 DHT22 來製作一個氣象站，另外也加入 Node.js 來擴充其功能，讓氣象站可以處理更大量的請求。

下一章要學習如何讓 ESP32 開發板做到駕駛攻擊。

CHAPTER

7

自製 Wi-Fi 駕駛攻擊

駕駛攻擊（wardriving）是指身處在特定區域中時，定位並探索可用無線網路連線的能力。駕駛攻擊可在指定區域中取得 Wi-Fi SSID 名單。本章將介紹如何使用 ESP32 開發板來實作 Wi-Fi 駕駛攻擊，會用到現有的 Wi-Fi 熱點並運用從 GPS 取得的位置資訊。

本章內容如下：

- 簡介 Wi-Fi 駕駛攻擊
- 讓 ESP32 開發板透過 GPS 取得自身位置
- 使用 ESP32 實作 Wi-Fi 駕駛攻擊

7.1 技術需求

開始之前，請確認你已準備好以下項目：

- 安裝好作業系統的電腦，作業系統可為 Windows、Linux 或 macOS。
- 一片 ESP32 開發板，建議使用 Espressif 自家的 ESP-WROVER-KIT 開發板。
- 可連接網際網路的 Wi-Fi 網路。
- GPS 模組。

7.2 簡介 Wi-Fi 駕駛攻擊

Wi-Fi 駕駛攻擊是指進行 Wi-Fi 熱點剖析，接著把當下的位置繪製在地圖的某一區域上。Wi-Fi 駕駛攻擊通常是在駕駛車輛時執行。本章要介紹如何實作簡易版的 Wi-Fi 駕駛攻擊。

我們可由現有的 Wi-Fi 熱點中收集所有的 SSID 名稱，再進一步把這些結果儲存到 microSD 記憶卡這類的本機端儲存裝置上，最後把這些資料繪製在 Google Maps 這類的地圖工具上來進行分析：

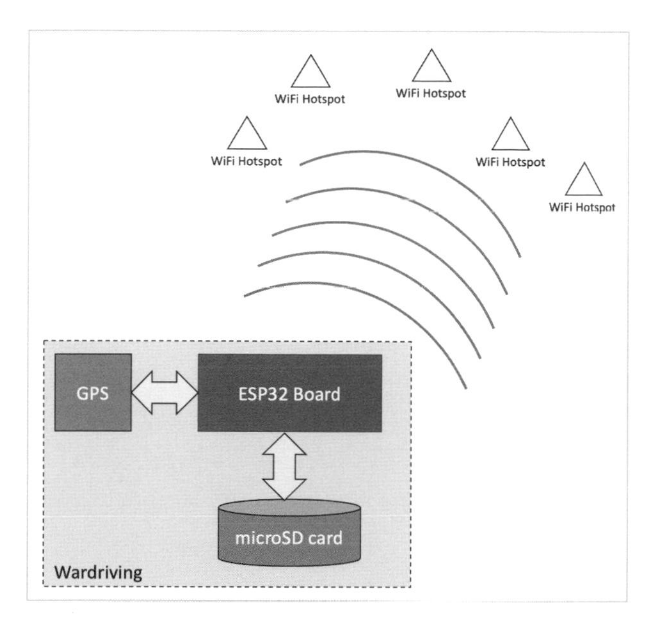

▲ **圖 7-1**：使用 ESP32 實作簡易的 Wi-Fi 駕駛攻擊示意圖

圖 7-2 可看到各個 Wi-Fi 熱點都被放到 Google Maps 上了；不過這些都是假的 Wi-Fi 熱點位置，你當然也可改用其他的地圖引擎來繪製 Wi-Fi 熱點位置：

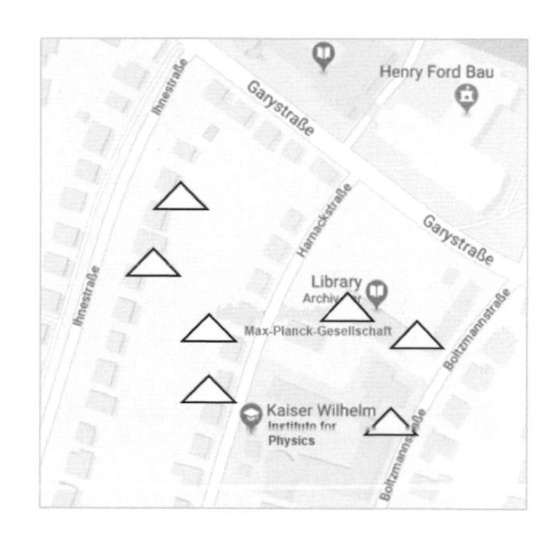

▲ **圖 7-2**：將 Wi-Fi 熱點放上 Google Maps

下一節要介紹可用於 ESP32 開發板的 GPS 模組。

7.3 認識 GPS 模組

有幾款 GPS 模組可以直接搭配 ESP32 開發板使用。GPS 模組通常是透過 UART 介面來與開發板溝通。UART 是一種序列通訊架構，可一個一個位元組來依序收發資料。我們的 ESP32 開發板將透過 UART 介面等候來自 GPS 模組的傳入訊息。

以下是一段 GPS 模組的輸出資料，可看出它無法從衛星正確偵測自身的位置。所有的 GPS 資料都是以 NMEA 格式來定義，詳細資訊請參考：

https://www.nmea.org/content/STANDARDS/NMEA_0183_Standard

```
$GPGLL,,,,,,V,N*64
$GPRMC,,V,,,,,,,,,,N*53
$GPVTG,,,,,,,,,N*30
$GPGGA,,,,,,0,00,99.99,,,,,,*48
$GPGSA,A,1,,,,,,,,,,,,,99.99,99.99,99.99*30
$GPGSV,1,1,01,04,,,13*7E
$GPGLL,,,,,,V,N*64
$GPRMC,,V,,,,,,,,,,N*53
$GPVTG,,,,,,,,,N*30
```

你可由 GPS 模組的資料取得位置；以下是格式為 GPGGA 格式的 GPS 資料：

```
$GPGGA,215322.000,5003.8239,N,12584.1234,W,1,07,1.6,1581.9,M,-20.7,M,,0000* 5F
```

例如，以 GPGGA 格式讀取 GPS 資料的方式如下：

- **時間（Time）**：215322.000 代表 21:53 時 / 分與 22.000 秒，格林威治時間（Greenwich Mean Time, GMT）

- **緯度 Longitude**：`5003.8240,N`，代表北緯緯度，單位為度分
- **經度 Latitude**：`12584.1234,W`，代表西經經度，單位為度分
- **數量 Number**：可見的衛星數量，在此為 07
- **標高 Altitude**：1,581 公尺

本章採用了 SparkFun 的 GPS 模組：SparkFun GPS-RTK2 Board — ZED-F9P (Qwiic)，商品連結如下：

`https://www.sparkfun.com/products/15136`

圖 7-3 為 SparkFun GPS-RTK2 Board 的實體照片；

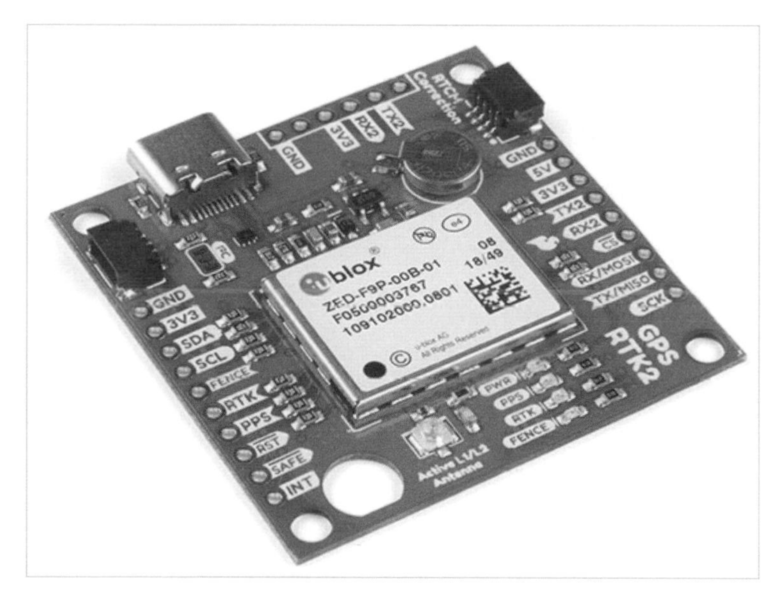

▲ **圖 7-3**：SparkFun GPS-RTK2 Board - ZED-F9P (Qwiic)

AliExpress 這類線上商城也可以找到其他款式的平價 GPS 模組。我推薦 u-blox 的 GPS 模組，請參考以下網址：

`https://www.u-blox.com/en/positioning-chips-and-modules`

7.4 透過 GPS 模組取得自身位置

本節要寫一個 ESP32 程式來操作 GPS 模組。為了方便展示，我選用了具備 UART 介面的 GPS 模組，也就是 u-blox NEO-6M 模組。我是由 DX 公司的網站取得本模組：

https://www.dx.com/s/NEO-6M?cateId=0

本專案的情境是透過 UART 介面來讀取 u-blox NEO-6M 模組的資料；接著再把 ESP32 開發板的資料顯示於序列終端機。

開始吧！

◉ 硬體接線

GPS 模組是透過 UART 介面來與 ESP32 開發板連接。UART 介面具備一個 Rx 接收器與 Tx 發送器。技術上來說，我們可以把一些 ESP32 GPIO 腳位用於 UART 腳位。本專案的硬體接線說明如下：

- GPS Rx 腳位接到 ESP32 IOIO 22
- GPS Tx 腳位接到 ESP32 IOIO 23
- GPS GND 腳位接到 ESP32 GND
- GPS VCC 腳位接到 ESP32 3.3V

GPS 模組的其他腳位則都接到 ESP32 開發板的 GND 腳位。簡單來說，這裡只會用到 GPS 模組的 Rx 與 Tx 腳位，我的實際接線如圖 7-4：

▲ **圖 7-4**：ESP32 開發板與 GPS 模組的硬體接線

◉ 編寫程式

本節要寫一個可透過 UART 介面來讀取 GPS 資料的程式。請建立一個名為 gpsdemo 的 ESP32 專案，主程式為 gpsdemo.c，我們會在 gpsdemo.c 中實作必要的程式：

1. 首先，定義 gpsdemo 專案所需函式庫的標頭檔：

```
#include "freertos/FreeRTOS.h"
#include "freertos/task.h"
#include "freertos/queue.h"
#include "esp_log.h"
#include "driver/uart.h"
```

定義 GPS 模組所用到的 UART 腳位，另外也設定了讀取 UART 資料時會用到的緩衝大小：

```
static const char *TAG = "GPS";

/* GPS 模組所連接的 UART 腳位 */
#define GPS_UART_NUM UART_NUM_1
#define GPS_UART_RX_PIN (22)
#define GPS_UART_TX_PIN (23)
#define GPS_UART_RTS_PIN (21)
#define GPS_UART_CTS_PIN (35)

/* 資料緩衝相關參數 */
#define UART_SIZE (80)
#define UART_RX_BUF_SIZE (1024)
```

app_main() 中呼叫了 config_gps_uart() 函式來初始化 UART 介面。

2. 接著進入 while() 持續執行以下內容：

```
int app_main(void)
{
    ESP_LOGI(TAG, "Configuring UART");
    config_gps_uart();

    while(true){
        vTaskDelay(3000 / portTICK_PERIOD_MS);
    }

  return 0;
}
```

3. 實作 config_gps_uart() 函式，它會使用 uart_set_pin() API 來設定 UART 腳位。

4. 呼叫 uart_driver_install() 函式來安裝 UART 驅動程式：

5. 初始化 UART 驅動程式之後，使用 xTaskCreate() 並送入 uart_event_task() 函式來建立背景任務：

```
static void config_gps_uart(void) {
    uart_config_t uart_config = {
        .baud_rate = 9600,
        .data_bits = UART_DATA_8_BITS,
        .parity = UART_PARITY_DISABLE,
        .stop_bits = UART_STOP_BITS_1,
        .flow_ctrl = UART_HW_FLOWCTRL_DISABLE
    };
    uart_param_config(GPS_UART_NUM, &uart_config);
    // 設定 UART 腳位 (如果未修改就使用預設的 UART0)
   uart_set_pin(GPS_UART_NUM, GPS_UART_RX_PIN,
                 GPS_UART_TX_PIN,
                 GPS_UART_ RTS_PIN, GPS_UART_CTS_PIN);
    // 安裝 UART 驅動程式
    uart_driver_install(GPS_UART_NUM, UART_RX_BUF_SIZE * 2, 0, 0, NULL, 0);
    xTaskCreate(uart_event_task, "uart_event_task", 2048, NULL, 12, NULL);
}
```

uart_event_task() 函式用於監聽來自 UART 介面所傳入的資料。

實作 while() 來持續執行任務，並在其中呼叫 read_line() 函式來讀取 UART 資料直到 '\n' 為止：

```
static void uart_event_task(void *pvParameters)
{
    while (1) {
        char *line = read_line(GPS_UART_NUM);
        ESP_LOGI(TAG, "[UART DATA]: %s", line);

    }
    /* Should never get here */
    vTaskDelete(NULL);
}
```

6. 接著實作 read_line() 函式，其中將緩衝參數送入 uart_read_bytes() 函式來讀取 UART 資料。在此是一個一個字元來讀取 UART 資料。

7. 如果從 UART 介面取得 '\n' 的話，就不再讀取 UART 資料並回傳所有讀取的資料：

```
char* read_line(uart_port_t uart_controller) {

  static char line[UART_SIZE];
  char *ptr = line;
  while(1) {
    int num_read = uart_read_bytes(uart_controller, (unsigned char *)ptr,
1, portMAX_DELAY);
    if(num_read == 1) {
      // new line found, terminate the string and return
      if(*ptr == '\n') {
        ptr++;
        *ptr = '\0';
        return line;
      }
      // else move to the next char
      ptr++;
    }
  }
}
```

儲存所有程式碼。

8. 接著，編譯並執行專案。

⊙ 執行程式

現在請編譯並把 gpsdemo 專案上傳到 ESP32 開發板。請根據以下步驟來操作：

1. 開啟 CoolTerm 這類的序列通訊軟體。
2. 在 CoolTerm 中設定 ESP32 開發板序列埠。
3. 操作軟體來連上 ESP32 開發板。

等候數秒，讓 GPS 模組從衛星取得當下的位置，應該會看到如圖 7-5 的程式輸出：

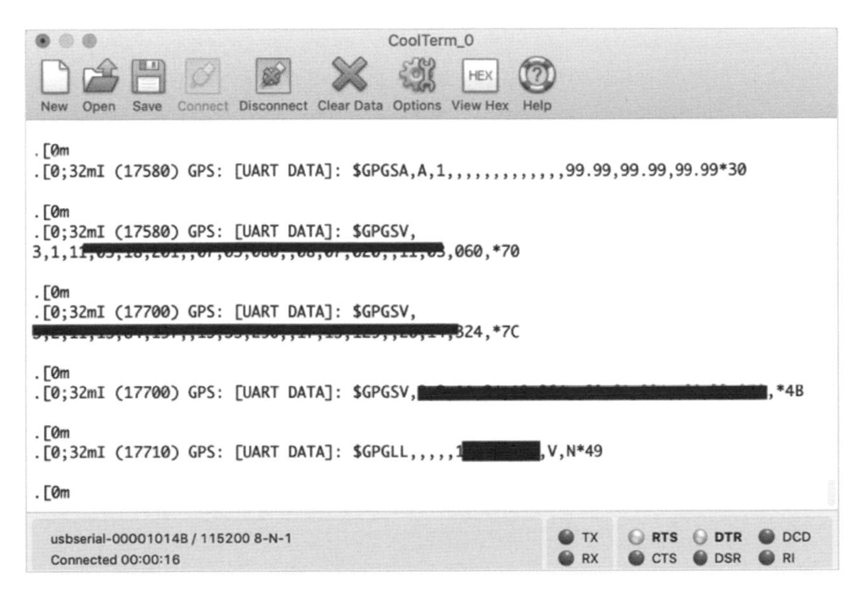

▲ **圖 7-5**：從序列端端機中檢視 ESP32 的 GPS 模組輸出畫面

7.5 解析 GPS 資料

gpsdemo 專案完成了，可讀取來自 UART 介面的 GPS 資料。你會看到 GPS 模組輸出的是原始資料，為了要取得 GPS 當下所處的位置，需要解析 GPS 資料。幸好有許多現成的函式庫可用來解析 GPS 資料。

本專案會採用 minmea 函式庫（https://github.com/kosma/minmea）。請下載並解壓縮 minmea 專案到本專案的 components 資料夾中。請參考圖 7-6 為 minmea 正確放置後的專案架構：

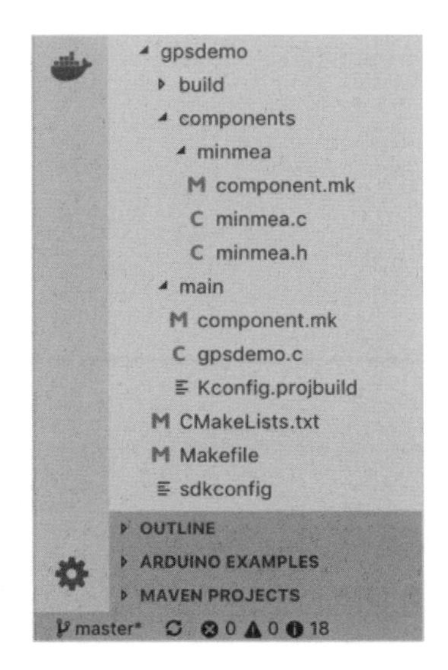

▲ **圖 7-6**：gpsdemo 的專案結構

現在要修改 gpsdemo 專案，做法是在主程式中匯入 minmea.h：

```
// minmea
#include "minmea.h"
```

另外還需要定義 latitude、longitude、fix_quality 與 satellites_tracked 等變數來儲存 GPS 資料：

```
// GPS variables and initial state
float latitude = -1.0;
float longitude = -1.0;
int fix_quality = -1;
int satellites_tracked = -1;
```

在此定義了 parse_gps_nmea() 函式來解析 GPS 資料。我們可用 minmea 函式庫中的 minmea_sentence_id() 函式來驗證 GPS 資料型態。

如果 GPS 資料的型態為 MINMEA_SENTENCE_RMC，請用 minmea_parse_rmc() 函式來取得 GPS 位置。呼叫 minmea_parse_rmc() 函式之後就能取得 minmea_sentence_rmc struct；我會用以下方式來驗證所需的資料類型：

```
void parse_gps_nmea(char* line){
    // 解析這筆資料
    switch (minmea_sentence_id(line, false)) {
        case MINMEA_SENTENCE_RMC: {
…
                float new_longitude = minmea_tocoord(&frame.longitude);
…
            }
}
```

uart_event_task() 函式中會接著呼叫 parse_gps_nmea() 函式。再將其放入 while()，如下所示：

```
static void uart_event_task(void *pvParameters)
{
    while (1) {
        char *line = read_line(GPS_UART_NUM);
        parse_gps_nmea(line);
    }
    /* Should never get here */
    vTaskDelete(NULL);
}
```

現在請儲存程式，編譯並把專案上傳到 ESP32 開發板。開啟序列通訊軟體來看看程式輸出結果。圖 7-7 可以看到 GPS 模組當下的位置：

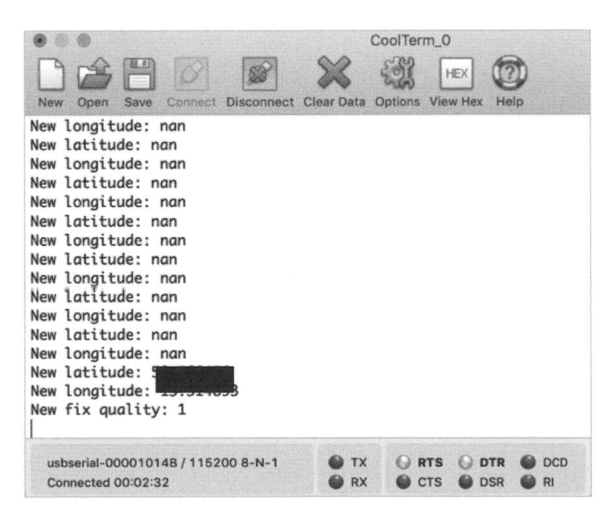

▲ 圖 7-7：gpsdemo 專案的程式輸出

7.6 使用 ESP32 實作 Wi-Fi 駕駛攻擊

本節要把上一個專案內容結合 ESP32 開發板的 Wi-Fi 駕駛攻擊功能 – 讀取 GPS 資料以及 Wi-Fi 熱點的 SSID 名稱。為此，需要透過 GPS 模組來讀取目前所在的位置並將資訊儲存於指定變數中。接著就要執行 Wi-Fi 掃描來取得 Wi-Fi SSID。

開始吧！

◉ 硬體接線

Wi-Fi 駕駛攻擊專案的硬體接線方式與上一節的 gpsdemo 專案相同，請回顧相關說明。

◉ 編寫程式

拿 gpsdemo 程式來修改，並加入 Wi-Fi API 來取得當下所處環境中的 SSID 名稱。請根據以下步驟來修改 gpsdemo.c 檔案：

1. 首先，加入存取 Wi-Fi 熱點所需的標頭檔：

```
#include "esp_wifi.h"
#include "esp_system.h"
#include "esp_event.h"
#include "esp_event_loop.h"
#include "nvs_flash.h"
```

2. 定義 config_wifi() 函式，在 ESP32 開發板上初始化 Wi-Fi 服務。在此把 Wi-Fi 服務啟動為 WIFI_MODE_STA，並呼叫 esp_wifi_start() 來啟動 Wi-Fi 服務。

3. 另外也要送入 `wifi_scan_event_handler()` 函式來監聽 ESP32 Wi-Fi 服務的 Wi-Fi 事件：

```
static void config_wifi(void) {
    tcpip_adapter_init();
    ESP_ERROR_CHECK(esp_event_loop_init(wifi_scan_event_handler, NULL));
    wifi_init_config_t cfg = WIFI_INIT_CONFIG_DEFAULT();
    ESP_ERROR_CHECK(esp_wifi_init(&cfg));
    ESP_ERROR_CHECK(esp_wifi_set_storage(WIFI_STORAGE_RAM));
    ESP_ERROR_CHECK(esp_wifi_set_mode(WIFI_MODE_STA));
    ESP_ERROR_CHECK(esp_wifi_start());
}
```

4. 實作 `wifi_scan_event_handler()` 函式，用於監聽來自 ESP32 Wi-Fi 服務的 Wi-Fi 事件。

5. 取得 SYSTEM_EVENT_SCAN_DONE 事件之後，就可以呼叫 `esp_wifi_scan_get_ap_num()` 函式取得 SSID 清單：

```
esp_err_t wifi_scan_event_handler(void *ctx, system_event_t *event)
{
    if (event->event_id == SYSTEM_EVENT_SCAN_DONE) {
        uint16_t apCount = 0;
        esp_wifi_scan_get_ap_num(&apCount);
        printf("Wi-Fi found: %d\n",event->event_info.scan_done.number);
        if (apCount == 0) {
            return ESP_OK;
        }
```

6. 接著，使用 `esp_wifi_scan_get_ap_records()` 函式來取得各 SSID 的詳細資料：

```
wifi_ap_record_t *wifi = (wifi_ap_record_t *)malloc(sizeof(wifi_ap_record_
t) * apCount);
    ESP_ERROR_CHECK(esp_wifi_scan_get_ap_records(&apCount, wifi));
```

7. 對應 Wi-Fi 認證模式，如下：

```
for (int i=0; i<apCount; i++) {
    char *authmode;
    switch(wifi[i].authmode) {
        case WIFI_AUTH_OPEN:
            authmode = "NO AUTH";
            break;
        case WIFI_AUTH_WEP:
            authmode = "WEP";
            break;
        case WIFI_AUTH_WPA_PSK:
            authmode = "WPA PSK";
            break;
        case WIFI_AUTH_WPA2_PSK:
            authmode = "WPA2 PSK";
            break;
        case WIFI_AUTH_WPA_WPA2_PSK:
            authmode = "WPA/WPA2 PSK";
            break;
        default:
            authmode = "Unknown";
            break;
    }
    printf("Lat: %f Long: %f SSID: %15.15s RSSI: %4d AUTH:%10.10s\n",
            latitude, longitude,wifi[i].ssid, wifi[i].rssi, authmode);
```

8. 顯示所有 SSID 名稱與目前的位置，例如緯度與經度：

```
    printf("Lat: %f Long: %f SSID: %15.15s RSSI: %4d AUTH: %10.10s\n",
            latitude, longitude, wifi[i].ssid, wifi[i].rssi, authmode);
```

9. 在 `app_main()` 中呼叫 `config_wifi()` 函式來初始化 Wi-Fi 服務。

10. 在迴圈中透過 `esp_wifi_scan_start()` 函式來掃描所有 Wi-Fi SSID：

```
int app_main(void)
{
    ESP_LOGI(TAG, "Configuring flash");
    esp_err_t ret = nvs_flash_init();
    if (ret == ESP_ERR_NVS_NO_FREE_PAGES ||
        ret == ESP_ERR_NVS_NEW_VERSION_FOUND) {
```

```
        ESP_ERROR_CHECK(nvs_flash_erase());
        ret = nvs_flash_init();
    }
    ESP_ERROR_CHECK( ret );
```

這裡有兩個重點，一個是要呼叫 `config_wifi()` 函式來設定 Wi-Fi。

另一個是啟動獨立的 freeRTOS 任務來設定 GPS 模組連線的 UART，並透過序列連線來取得 `latitude` 與 `longitude` 數值，這兩筆數值會和在周遭區域所發現的 Wi-Fi 網路配對起來。

透過 `latitude` 與 `longitude` 這兩個全域變數，就能讓其他任務也能取得緯度與經度值。

```
config_wifi();

    ESP_LOGI(TAG, "Configuring UART"); config_gps_uart();
    wifi_scan_config_t scanConf = {
        .ssid = NULL,
        .bssid = NULL,
        .channel = 0,
        .show_hidden = true
    };

    while(true){
        ESP_ERROR_CHECK(esp_wifi_scan_start(&scanConf, true));
        vTaskDelay(3000 / portTICK_PERIOD_MS);
    }

  return 0;
}
```

11. 最後，儲存所有修改的地方，編譯並執行程式。

◉ 測試程式

現在請編譯並把 gpsdemo 程式上傳到 ESP32 開發板，然後開啟序列通訊軟體來檢視程式輸出。

gpsdemo 專案的輸出畫面應類似圖 7-8，你會看到一串 Wi-Fi SSID 名稱與對應的緯度和經度資訊：

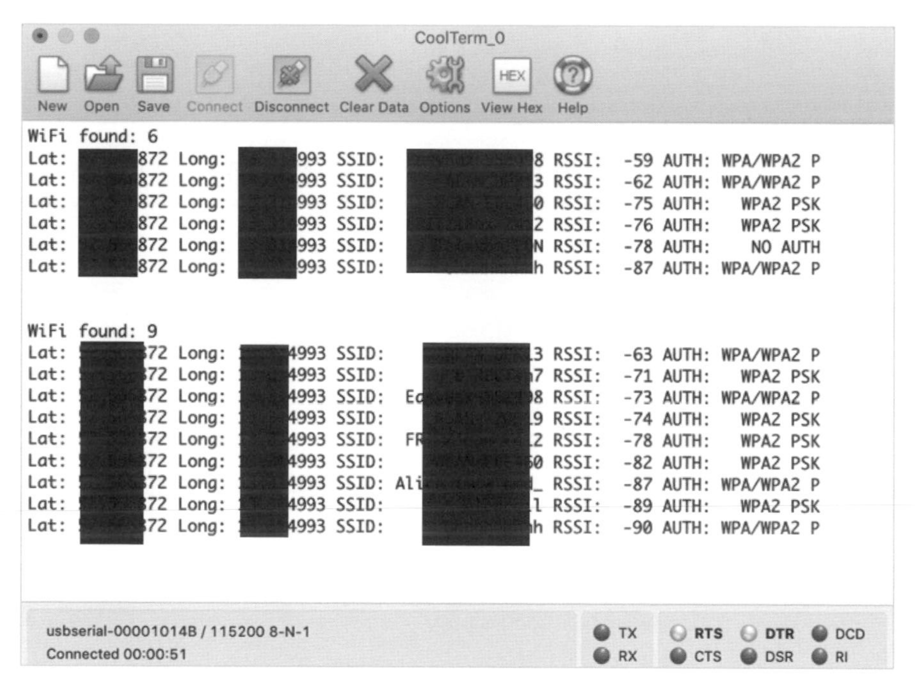

▲ **圖 7-8**：剖析 Wi-Fi 熱點與 GPS 位置的程式輸出畫面

你可以開車或騎腳踏車帶著這台小裝置出門走走，取得公共區域中更多 Wi-FI SSID 名稱。當我們透過車輛或腳踏車來移動時，裝置會自動掃描 Wi-Fi 來取得 Wi-Fi SSID 名稱與 GPS 位置。

7.7 將 Wi-Fi 熱點放上 Google Maps

如果把 Wi-Fi SSID 名稱與 GPS 位置儲存在 microSD 記憶卡這類的外部儲存空間的話，就能把 Wi-Fi 熱點放上 Google Maps。請由瀏覽器進入 Google Maps：

https://www.google.com/maps/d/

登入 Google Maps 之後，應可看到如圖 7-9 的畫面：

▲ **圖 7-9**：使用 Google maps 建立專屬地圖

請點選 **CREATE A NEW MAP** 來建立新的私人地圖；應該會看到如圖 7-10 的畫面。

現在請上傳包含了 Wi-Fi SSID 與對應位置的 CSV 檔，就可以在地圖上看到這些 Wi-Fi SSID 名稱了。：

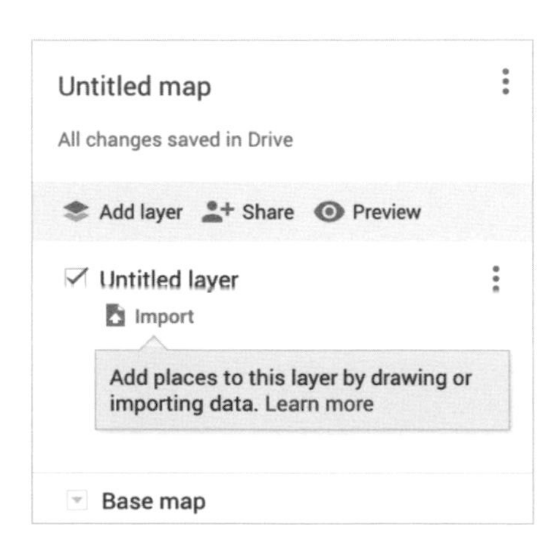

▲ **圖 7-10**：把 CSV 資料上傳到 Google Maps

有空請嘗試看看本章所學的內容，也歡迎觀看我的駕駛攻擊專案成果：

https://wigle.net/

7.8 隱私問題

部分國家可能基於隱私考量而不允許 Wi-Fi 駕駛攻擊。在公共區域進行本專案時，一定要遵循當地法規。你可以修改 SSID 名稱為隨機指定內容來符合隱私政策。

7.9 總結

本章介紹了如何透過 ESP32 開發板來存取 GPS 模組。我們製作了簡易版的駕駛攻擊專案進行 Wi-Fi 剖析並取得當下的 GPS 位置，可以同時讀取 Wi-Fi SSID 名稱與 GPS 資料。

下一章要來談談如何操作 ESP32 開發板來實作 Wi-Fi 攝影機。

CHAPTER

8

打造專屬 Wi-Fi 相機

影像監控是一種監控系統，可以隨時從特定地方取得當前訊息。這種監控方式使用攝影機來取得特定環境中的畫面。本章將使用相機模組與 ESP32 開發板來打造一個簡單的 Wi-Fi 相機。

以下為本章主題：

- 簡介 Wi-Fi 相機
- 觀察 ESP32 開發板的相機模組
- 為相機與 ESP32 開發板建立程式

8.1 技術要求

開始之前，請確認你已準備好以下項目：

- 一台裝有 Windows、Linux 或 macOS 等作業系統的電腦。
- ESP32 開發板，一個。建議使用 Espressif 公司的 ESP-WROVER-KIT v4 開發板。
- Wi-Fi 無線網路。
- 支援 ESP32 開發板的相機模組。

8.2 Wi-Fi 相機之簡介

Wi-Fi 相機是一種透過相機感應的系統。透過相機，我們可以獲取以動態格式呈現的當前影像。

本章重點是介紹如何在 ESP32 板上使用相機。技術上來說，我們可以透過**序列週邊介面（SPI）**協議在 ESP32 板上連接相機模組。SPI 是一系列像是 UART 的通訊協定，不過 SPI 通常會有三個腳位：MOSI、MISO 和 CS，從 ESP32 板設計圖中可以找到這些腳位。

ESP-WROVER-KIT 開發板包含一組相機接頭，如圖 8-1 所示：

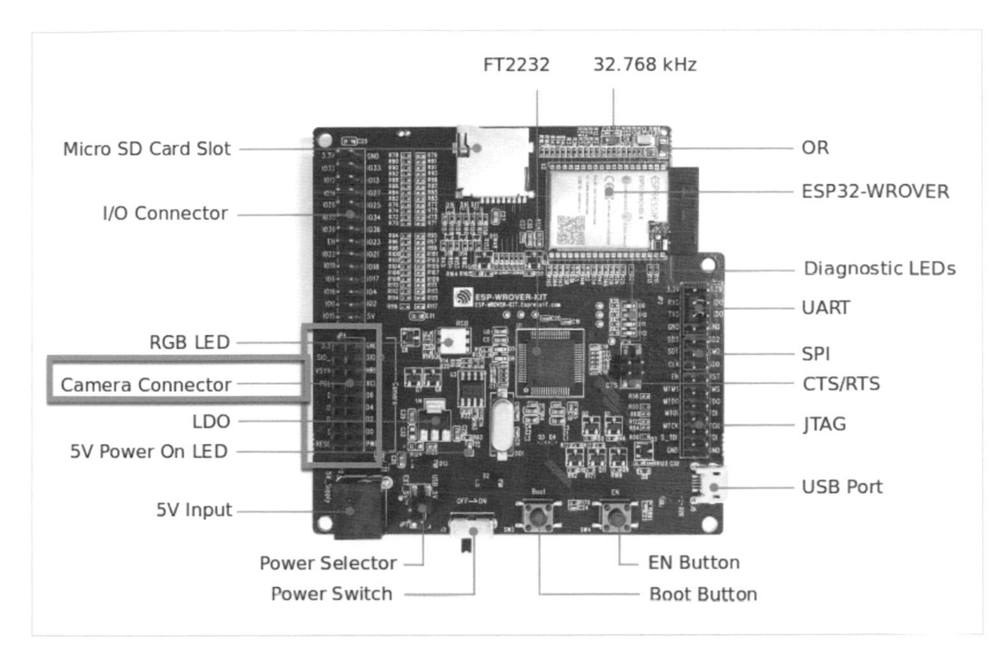

▲ **圖 8-1**：ESP-WROVER-KIT v4 開發板的相機接頭

OV7670 相機模組支援 ESP-WROVER-KIT 開發板上的接頭，如圖 8-2 所示。它不貴，AliExpress 或是當地的電子商場都買得到。若你要使用其他的相機模組，請為其建立對應的驅動程式：

▲ **圖 8-2**：OV7670 相機模組

本章將使用 ESP-WROVER-KIT v4 開發板搭配 OV7670 相機模組。

8.3 觀察相機模組

就技術上來說，我們可以使用任何支援 SPI 或 I2C 的相機模組。符合條件的模組之一便是 OV7670。此模組是由 OmniVision 所生產，資料表如下：

https://datasheetspdf.com/datasheet/OV7670.html

市面上的 OV7670 模組有兩種，一種是有搭載 FIFO，另一種沒有。搭載 FIFO 功能的 OV7670 模組可加強影像的處理。

從 OV7670 相機模組的背面可以看出是否搭載 FIFO。有搭載 FIFO 的 OV7670 相機模組在背面會多出一塊晶片，圖 8-3 是沒有 FIFO 的 OV7670 圖示：

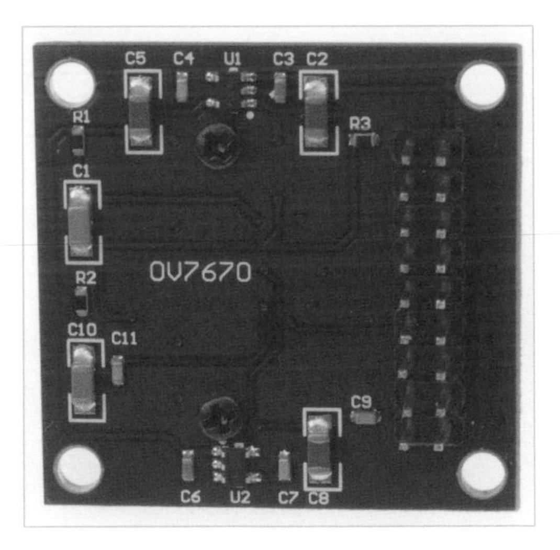

▲ **圖 8-3**：OV7670 相機模組背面

圖 8-4 為搭載 FIFO 的 OV7670 模組。它有一塊 AL422B IC 以使用 FIFO 加強影像處理。你可以使用這套模組來取得更好的影像處理效果。OV7670 相機模組的解析度為 640 × 480：

▲ **圖 8-4**：搭載 FIFO 的 OV7670 模組背面

我們也可以使用像是 OV2640 和 OV7725 等相機模組。這些模組同樣可以透過 SPI 協定於 ESP32 開發板上使用。圖 8-5 為 OV2640 相機模組圖示，解析度可達 1,600 × 1,200：

▲ **圖 8-5**：OV2640 相機模組

圖 8-6 為 OV7725 相機模組，解析度為 640 × 480，並於 VGA 模式下每秒可達 60 幀。此相機模組的詳細規格如下：

https://www.ovt.com/sensors/OV7725

▲ 圖 8-6：OV7725 相機模組

本章將於 ESP32 開發板上使用未搭載 FIFO 的 OV7670 相機模組，價格相較於搭載 FIFO 功能的規格來的便宜。

8.4 透過 ESP32 存取相機

為了可以透過 ESP32 板存取相機，我們要先將 OV7670 相機模組的腳位接上 ESP32 板。圖 8-7 為連接 OV7670 模組於 ESP32 板上的建議腳位：

Interface	Camera Pin	Pin Mapping for ESP-WROVER	Other ESP32 Board
SCCB Clock	SIOC	IO27	IO23
SCCB Data	SIOD	IO26	IO25
System Clock	XCLK	IO21	IO27
Vertical Sync	VSYNC	IO25	IO22
Horizontal Reference	HREF	IO23	IO26
Pixel Clock	PCLK	IO22	IO21
Pixel Data Bit 0	D2	IO4	IO35
Pixel Data Bit 1	D3	IO5	IO17
Pixel Data Bit 2	D4	IO18	IO34
Pixel Data Bit 3	D5	IO19	IO5
Pixel Data Bit 4	D6	IO36	IO39
Pixel Data Bit 5	D7	IO39	IO18
Pixel Data Bit 6	D8	IO34	IO36
Pixel Data Bit 7	D9	IO35	IO19
Camera Reset	RESET	IO2	IO15
Power Supply 3.3V	3V3	3V3	3V3
Ground	GND	GND	GND

▲ 圖 8-7：OV7670 相機模組與 ESP32 開發板之腳位圖

使用 ESP-WROVER-KIT 開發板的另一個好處是，你不需要額外的相機接頭，直接將 OV7670 接上開發板即可。

而使用 ESP-WROVER-KIT 開發板的缺點是你不能透過轉接頭同時使用 OV7670 模組和 LCD，因為兩者用的是同一條接線。若你想在 ESP-WROVER-KIT 開發板上同時使用 OV7670 相機模組和 LCD 的話，請自行做出適當的調整。

8.5 範例｜打造 Wi-Fi 相機

本節要製作一個可連上網路的簡易 Wi-Fi 相機。我們會在 ESP32 板上使用相機模組，接著透過瀏覽器存取相機。

圖 8-8 為示範情景，ESP32 板會在一個簡單的網頁伺服器上運作。當瀏覽器存取 ESP32 板，程式會傳送一個附帶當前環境影像的回應：

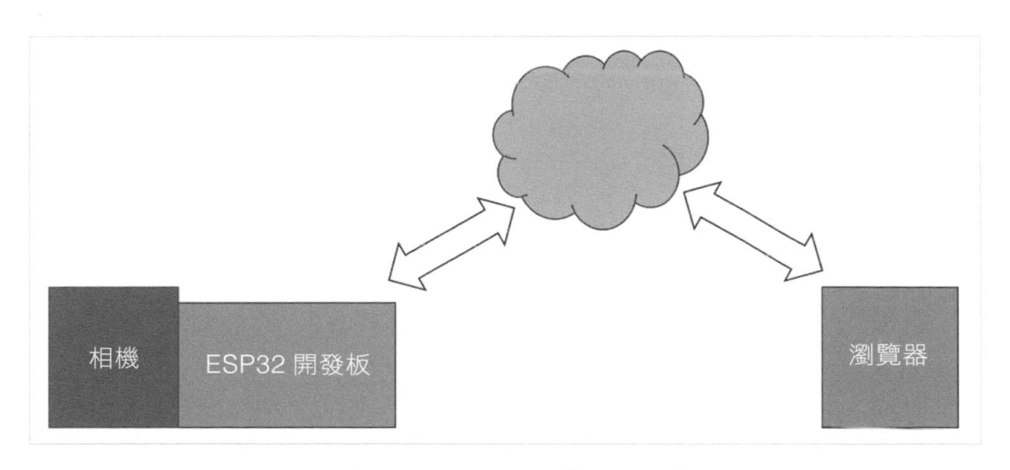

▲ **圖 8-8**：Wi-Fi 相機專案情境

我們將使用 OV7670 相機模組和 ESP-WROVER-KIT 開發板來進行實作。

◉ 硬體接線

若你是使用 OV7670 相機模組和 ESP-WROVER-KIT 開發板，請直接將模組安裝到板子上，接線如圖 8-9。基本上，相機模組和 ESP32 板的接線是根據圖 8-7 來完成：

▲ **圖 8-9**：將 OV7670 相機模組裝到 ESP-WROVER-KIT v4 開發板上

接著，我們要開發程式來實作專案。

◉ 程式編寫

首先，建立一個名為 `wificam` 的專案。我們需要一個相機驅動程式來透過 ESP32 開發板存取相機模組。本專案使用的驅動程式為 `https://github.com/igrr/esp32-cam-demo`，並支援 OV7670 相機模組。

請將相機與 LCD 的元件複製到 wificam 專案，專案結構如圖 8-10 所示：

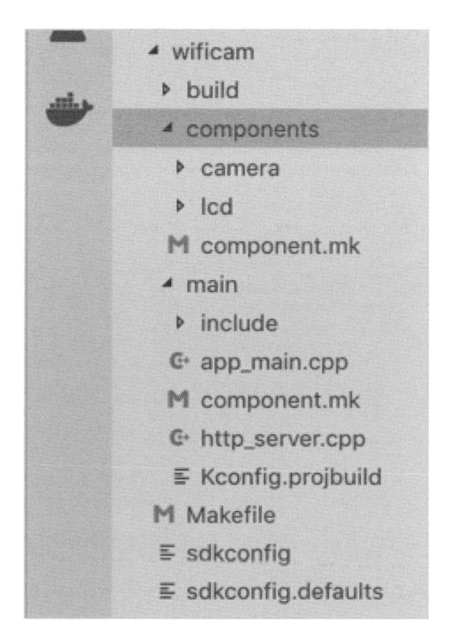

▲ **圖 8-10**：wificam 之專案結構

專案是以網路伺服器來實作，其主程式負責提供用於網路瀏覽器的相機資料。

⊙ 處理 HTTP 請求

先來開發一個簡單的網頁伺服器來處理 HTTP 請求。請將以下程式匯入 http_server.cpp 檔案：

1. 首先，宣告所需函式庫如下：

```
#include "lwip/api.h"
#include "camera.h"
#include "bitmap.h"
#include "iot_lcd.h"
#include "app_camera.h"
#include "esp_log.h"
#include "esp_wifi.h"
#include "esp_wpa2.h"
```

```
#include "esp_system.h"
#include "nvs_flash.h"

typedef struct {
    uint8_t frame_num;
} camera_evt_t;

QueueHandle_t camera_queue = NULL;

static const char* TAG = "WIFI-CAM";

// camera code
const static char http_hdr[] = "HTTP/1.1 200 OK\r\n";
const static char http_bitmap_hdr[] = "Content-type: image\r\n\r\n";
```

2. 建立一個名為 http_server_task() 的函式任務以執行網頁伺服器。
3. 藉由 netconn_bind() 開啟通訊埠 80，並透過 netconn_Listen() 來偵聽用戶端的來訊連接。
4. 程式透過 netconn_accept() 接收到連線後，便呼叫 http_server_netconn_serve() 來處理請求。
5. 接著，呼叫 netconn_delete() 以關閉用戶端連線：

```
void http_server_task(void *pvParameters)
{
    uint8_t i = 0;
    struct netconn *conn, *newconn;
    err_t err, ert;
    conn = netconn_new(NETCONN_TCP); /* creat TCP connector */
    netconn_bind(conn, NULL, 80); /* bind HTTP port */
    netconn_listen(conn); /* server listen connect */
    do {
        ESP_LOGI(TAG, "netconn_accept start :%d\n", xTaskGetTickCount());
        err = netconn_accept(conn, &newconn);
        if (err == ERR_OK) { /* new conn is coming */

            http_server_netconn_serve(newconn, queue_receive());

            ESP_LOGI(TAG, "http_server->xSemaphoreGive:::%d\n", i++);
```

```
                netconn_delete(newconn);
            }
        } while (err == ERR_OK);
        netconn_close(conn);
        netconn_delete(conn);
    }
```

http_server_netconn_serve() 函數將處理來自用戶端的請求。在此函數中我們只會處理 '/bmp' 請求以發送一張擷取自相機的圖片。

呼叫 convert_fb32bit_line_to_bmp565() 函數將原始影像轉換成位元影像格式，並可使用 ESP32 API 中的 netconn_write() 函數將位元影像回應寫入用戶端：

```
fbl = (uint32_t *) &currFbPtr[(i * camera_get_fb_width()) / 2];
convert_fb32bit_line_to_bmp565(fbl, s_line, CAMERA_PIXEL_FORMAT);
err = netconn_write(conn, s_line, camera_get_fb_width() * 2, NETCONN_COPY);
```

接著，呼叫 netconn_close() 以關閉用戶端連線，並請定義 unpack() 來計算影像大小：

```
inline uint8_t unpack(int byteNumber, uint32_t value)
{
    return (value >> (byteNumber * 8));
}
```

結束後請儲存程式。

◉ 開發主程式

現在，我們要在 app_main.cpp 檔案上編寫主程式。首先宣告 app_main.h 標頭檔案並將其儲存於 main 資料夾中的 include 資料夾，如圖 8-10 所式。

app_main.h 標頭檔由許多預先定義函數組成，實作於 app_main.cpp 和 http_server.cpp 上。

宣告主程式之所有定義，如下：

```
#ifndef _IOT_CAMERA_TASK_H_
#define _IOT_CAMERA_TASK_H_

#define WIFI_PASSWORD CONFIG_WIFI_PASSWORD
#define WIFI_SSID CONFIG_WIFI_SSID

#define CAMERA_PIXEL_FORMAT CAMERA_PF_RGB565
#define CAMERA_FRAME_SIZE CAMERA_FS_QVGA

#define RGB565_MASK_RED 0xF800
#define RGB565_MASK_GREEN 0x07E0
#define RGB565_MASK_BLUE 0x001F
```

定義兩個處理等候的函數，如下：

```
uint8_t queue_receive();
void camera_queue_init();
```

宣告所有與 LCD 相關的函數，如下：

```
void queue_send(uint8_t frame_num);
uint8_t queue_available();
void lcd_init_wifi(void);
void lcd_camera_init_complete(void);
void lcd_wifi_connect_complete(void);
void lcd_http_info(ip4_addr_t s_ip_addr);
void app_lcd_init(void);
void app_lcd_task(void *pvParameters);
void http_server_task(void *pvParameters); #endif
```

接著，我們要於 app_main.cpp 檔案上實作主程式。請先在 app_main.cpp 中定義所需的標頭檔案。

請將記錄訊息定義為 "wifi-cam"：

```
#include "lwip/api.h"
#include "camera.h"
#include "bitmap.h"
#include "iot_lcd.h"
#include "esp_event_loop.h"
#include "app_camera.h"
#include "esp_log.h"
#include "esp_wifi.h"
#include "esp_wpa2.h"
#include "esp_system.h"
#include "nvs_flash.h"
#include "tcpip_adapter.h"
#include "lwip/err.h"
#include "lwip/sockets.h"
#include "lwip/sys.h"
#include "lwip/netdb.h"
#include "lwip/dns.h"
#include "freertos/queue.h"
#include "freertos/event_groups.h"

static const char *TAG = "WIFI-CAM";

static EventGroupHandle_t wifi_event_group;
static const int CONNECTED_BIT = BIT0;
static const int WIFI_INIT_DONE_BIT = BIT1;
```

在主進入點中，我們開始初始化 Wi-Fi 服務，相機等待緩衝區和相機裝置。先呼叫 app_camera_init() 來初始化相機設備，然後呼叫 camera_queue_init() 設定相機等待緩衝區。呼叫 initialize_wifi() 函數來初始化位於 ESP32 開發板上的 Wi-Fi 服務：

```
extern "C" void app_main()
{
    app_camera_init();
    camera_queue_init();

    initialize_wifi();
    tcpip_adapter_ip_info_t ipconfig;
    tcpip_adapter_get_ip_info(TCPIP_ADAPTER_IF_AP, &ipconfig);
    ip4_addr_t s_ip_addr = ipconfig.ip;
```

完成 Wi-Fi 服務、相機等待緩衝區的配置後，我們要透過 xTaskCreatePinnedToCore() 函數執行相機和網頁伺服器任務。相機任務方面，先將 app_camera_task() 函數傳進 xTaskCreatePinnedToCore() 函數。並藉由 http_server_task() 函數執行網頁伺服器任務：

```
ESP_LOGD(TAG, "Starting app_camera_task...");
 xTaskCreatePinnedToCore(&app_camera_task, "app_camera_task", 4096,
NULL, 3, NULL, 1);

    xEventGroupWaitBits(wifi_event_group, WIFI_INIT_DONE_BIT, true, false,
portMAX_DELAY);
    ESP_LOGD(TAG, "Starting http_server task...");
    xTaskCreatePinnedToCore(&http_server_task, "http_server_task", 4096,
NULL, 5, NULL, 1);
    ESP_LOGI(TAG, "open http://" IPSTR "/pic for single image/bitmap
image", IP2STR(&s_ip_addr));
```

initialize_wifi() 函數可用來初始化 Wi-Fi 服務。這個情況下，我們要透過呼叫帶有 WIFI_MODE_AP 參數的 esp_wifi_set_mode() 函數來建立一個名為 WIFI-CAM 的 AP SSID，並設定 SSID 金鑰為 "123456789"：

```
void initialize_wifi(void)
{
   tcpip_adapter_ip_info_t ip_info;
   ESP_ERROR_CHECK(nvs_flash_init());
   // set TCP range
   tcpip_adapter_init();
   tcpip_adapter_dhcps_stop(TCPIP_ADAPTER_IF_AP);
   tcpip_adapter_get_ip_info(TCPIP_ADAPTER_IF_AP, &ip_info);
   ip_info.ip.addr = inet_addr("192.168.0.1");
   ip_info.gw.addr = inet_addr("192.168.0.0");
   tcpip_adapter_set_ip_info(TCPIP_ADAPTER_IF_AP, &ip_info);
   tcpip_adapter_dhcps_start(TCPIP_ADAPTER_IF_AP);
```

接著，藉由 esp_wifi_set_config() 函數啟動 AP SSID，並定義網頁伺服器的 IP 地址為 192.168.0.1：

```
wifi_config_t wifi_config;
memcpy(wifi_config.ap.ssid, "WIFI-CAM", sizeof("WIFI-CAM"));
memcpy(wifi_config.ap.password, "123456789", sizeof("123456789"));
wifi_config.ap.ssid_len = strlen("WIFI-CAM");
wifi_config.ap.max_connection = 1;
wifi_config.ap.authmode = WIFI_AUTH_WPA_PSK;
ESP_ERROR_CHECK(esp_wifi_set_config(ESP_IF_WIFI_AP, &wifi_config));
esp_wifi_start();
```

實行 event_handler() 函數以監聽位於 ESP32 上的 Wi-Fi 服務事件，我們將監聽以下五個事件：

- SYSTEM_EVENT_AP_START
- SYSTEM_EVENT_AP_STACONNECTED
- SYSTEM_EVENT_STA_START
- SYSTEM_EVENT_STA_GOT_IP
- SYSTEM_EVENT_STA_DISCONNECTED

當接收到 SYSTEM_EVENT_STA_START 和 SYSTEM_EVENT_STA_DISCONNECTED 事件時，會連線到 Wi-Fi 服務，然後呼叫 esp_wifi_connect() 函數：

```
case SYSTEM_EVENT_STA_START:
    esp_wifi_connect();
    break;
case SYSTEM_EVENT_STA_DISCONNECTED:
    esp_wifi_connect();
```

app_camera_init() 函數會設定相機驅動器及其腳位，我們可以透過 camera_init() 函數來啟動相機驅動程式。

相機模組的腳位定義如下：

```
void app_camera_init()
{
    camera_model_t camera_model;
    camera_config_t config; config.ledc_channel = LEDC_CHANNEL_0;
    config.ledc_timer = LEDC_TIMER_0;
    config.pin_d0 = CONFIG_D0;
    config.pin_d1 = CONFIG_D1;
    config.pin_d2 = CONFIG_D2;
    config.pin_d3 = CONFIG_D3;
    config.pin_d4 = CONFIG_D4;
    config.pin_d5 = CONFIG_D5;
    config.pin_d6 = CONFIG_D6;
    config.pin_d7 = CONFIG_D7;
    config.pin_xclk = CONFIG_XCLK;
    config.pin_pclk = CONFIG_PCLK;
    config.pin_vsync = CONFIG_VSYNC;
    config.pin_href = CONFIG_HREF;
    config.pin_sscb_sda = CONFIG_SDA;
    config.pin_sscb_scl = CONFIG_SCL;
    config.pin_reset = CONFIG_RESET;
    config.xclk_freq_hz = CONFIG_XCLK_FREQ;
```

測試相機模組是否接好，可用 camera_probe() 函數完成：

```
esp_err_t err = camera_probe(&config, &camera_model);
if (err != ESP_OK) {
    ESP_LOGE(TAG, "Camera probe failed with error 0x%x", err);
    return;
}
```

若相機模組型號為 CAMERA_OV7670，請將圖框大小設定為以下：

```
if (camera_model == CAMERA_OV7670) {
    ESP_LOGI(TAG, "Detected OV7670 camera");
    config.frame_size = CAMERA_FRAME_SIZE;
} else {
    ESP_LOGI(TAG, "Cant detected ov7670 camera");
}
```

接著，使用 camera_init() 函數初始化相機模組，執行如下：

```
config.displayBuffer = (uint32_t **) currFbPtr;
config.pixel_format = CAMERA_PIXEL_FORMAT;
config.test_pattern_enabled = 0;

err = camera_init(&config);
if (err != ESP_OK) {
    ESP_LOGE(TAG, "Camera init failed with error 0x%x", err);
    return;
}
```

app_main() 函式呼叫了 app_camera_task() 函數來執行相機任務。而在 app_camera_task() 函式中，透過 camera_run() 來擷取相機，並透過 queue_send() 將擷取結果傳送到相機的等待緩衝區：

```
static void app_camera_task(void *pvParameters)
{
    while (1) {
        queue_send(camera_run() % CAMERA_CACHE_NUM);
    }
}
```

完成後請存檔。

◉ 測試

現在可以編譯並上傳 wificam 專案到 ESP32 開發板了。請將相機接上 ESP32 板並設定好目標區域。圖 8-11 是我的相機目標區域：

▲ **圖 8-11**：搭載 OV7670 相機模組的 ESP-WROVER-KIT v4 板子

接著，你的電腦需連上由 ESP32 開發板所產生的 Wi-Fi SSID，如圖 8-12 中顯示的 `WIFI-CAM`。請連接此 SSID 名稱：

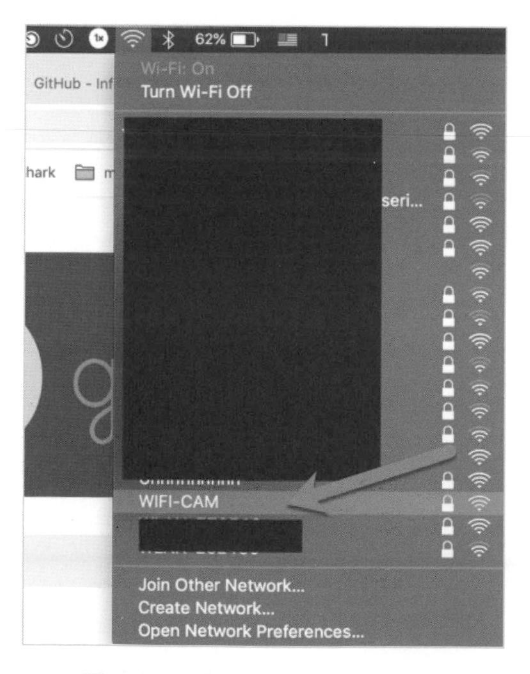

▲ **圖 8-12**：與 WIFI-CAM SSID 連線

在此需要輸入 SSID 金鑰，請輸入 123456789，如圖 8-13 所示：

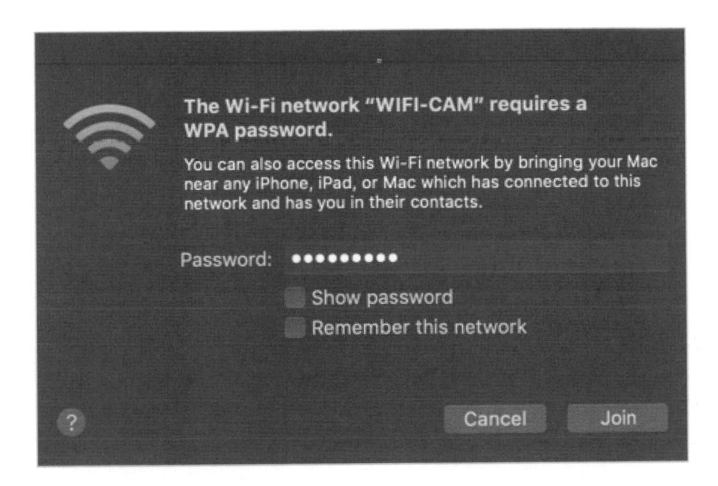

▲ **圖 8-13**：輸入 WIFI-CAM 的 SSID 金鑰

在電腦成功連上 **WIFI-CAM** SSID 後，便可開啟瀏覽器。

請輸入網址 `http://192.168.0.1/pic`，應該可以看到一張相機擷取的畫面。圖 8-14 為瀏覽器上的輸出畫面：

▲ **圖 8-14**：一張由 ESP-WROVER-KIT v4 擷取的畫面

本章就介紹到這邊，現在你可以使用其他型號的相機進行更多練習，也可以將此程式擴展到串流影像。此外，歡迎到 Espressif 看看其他 ESP-CAM 專案，例如，以下網址中的專案用的是 OV2640 相機模組：

https://github.com/espressif/esp32-camera

8.6 總結

本章中，我們學會了如何在 ESP32 開發板上使用相機模組，並使用 OV7670 相機模組來擷取畫面。我們也開發了可透過網路拍照的 Wi-Fi 相機。

接下來，我們將探索如何使用 ESP32 開發板與手機 app 互動。

CHAPTER

9

製作與手機應用程式互動的物聯網裝置

當前的智慧型手機處理日常工作的能力已經與電腦不相上下，我們時常利用智慧型手機增進生產力。本章將探討如何製作可互相溝通的智慧型手機應用程式和 IoT 裝置，一樣使用 ESP32 開發板作為此主題中的 IoT 裝置範例。

以下為本章主題：

- 智慧型手機應用程式之簡介。
- 開發應用程式並與 ESP32 開發板互動。
- 透過應用程式控制 ESP32 開發板。
- 使用 Android Studio 作為開發工具。

9.1 技術要求

在開始之前，請先具備以下條件：

- 一台裝有 Windows、Linux 或 macOS 等作業系統的電腦。
- 一塊 ESP32 開發板。建議使用 Espressif 公司的 ESP-WROVER-KIT v4 開發板。
- Wi-Fi 無線網路。
- 一支 Android 手機。
- Android Studio（下載網址：https://developer.android.com/studio）。

9.2 智慧型手機應用程式之簡介

手機應用程式為可在智慧型手機上運作的一種常見的程式。由於行動裝置上的資源有限，故和桌上型電腦或網路應用程式不同。從技術層面上來說，我們可以根據行動裝置的能力開發任何程式。在行動裝置上設計 UI 和 UX 也會對介面隱含的方式造成影響。

目前手機應用程式的開發平台主要有兩個：Android 和 iOS。Android 是 Google 開發的平台，iOS 則是 Apple。本章的重點並非開發手機 app，而是要告訴你手機如何與 ESP32 開發板互動。

若你對 Android 開發系統有興趣，可以去它們的網站看看：
https://developer.android.com/

而 iOS 的開發資源可在 Apple 開發網站上找到：
https://developer.apple.com/

9.3 手機應用程式與 ESP32 開發板互動

讓 ESP32 開發板和手機應用程式互動的方法有兩種。第一種是透過 Wi-Fi 和藍牙協定讓行動裝置與 ESP32 開發板溝通。ESP32 因為具備了 **Bluetooth Low Energy（BLE）**模組而得以進行藍牙通訊。BLE 是一種藍牙科技，可以在更低的功耗下覆蓋同樣的通訊範圍。

若要讓 ESP32 開發板能夠與行動裝置互動，那麼手機也必須內建 BLE 模組，否則會沒有辦法從行動裝置連上 ESP32 開發板。

Wi-Fi 是行動裝置上最常具備的通訊協定之一。我們將使用 Wi-Fi 來達成行動裝置與 ESP32 開發板之間的媒體互動。你可以使用既有的 Wi-Fi 網路，或是自己的 Wi-Fi 熱點（**AP**）來控制裝置－在 ESP32 的 Wi-Fi 網路範圍之內控制才會有效，而讓 ESP32 開發板處在 AP 模式下代表將無法從外部網路進行控制。我們會在 ESP32 上啟動 Wi-Fi AP，再讓行動裝置連到這個 Wi-Fi AP。

接著，我們要來建立一個透過 Wi-Fi 網路讓行動裝置與 ESP32 開發板互動的專案。

9.4 透過行動應用程式控制 ESP32 開發板

本節要建立一個讓 ESP32 開發板能夠與行動裝置一起使用的專案。可以在 ESP32 開發板上建立 Wi-Fi 服務，好讓行動裝置可以在它上面執行任務，像是開燈或是停止馬達等。圖 9-1 為應用情境，並使用 Android 應用程式作為裝置平台。

下圖為本智慧行動專案的運作方式：

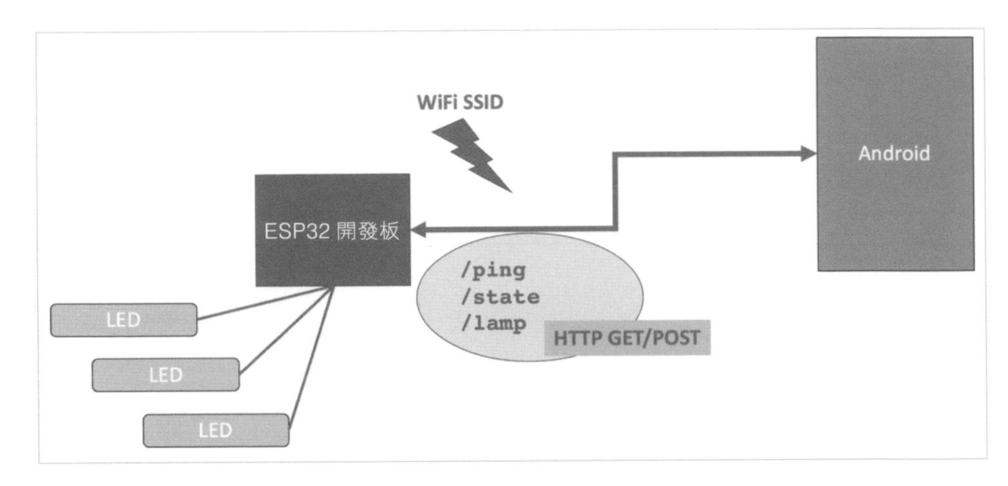

▲ **圖 9-1**：智慧型手機專案的基本設計

如上圖所示，我們可透過繼電器模組來控制 ESP32 開發板上的三個燈組。為簡化範例，在這邊會用三顆 LED 來代表三個燈組。我們要製作三個 HTTP 服務：`/ping`、`/state` 和 `/lamp`

- `/ping` HTTP 請求用來執行回聲測試。
- `/state` HTTP 請求用來取得所有 LED 的狀態為開還是關。
- `/lamp` HTTP 請求將根據使用者提供的輸入參數來控制 LED 開關。

所有 `/ping` 和 `/state` 請求類型為 HTTP GET，所以不需要傳送參數就能執行這些請求。然而，`/lamp` HTTP 請求則被實作為 HTTP POST，因此必須在請求主體中指定一個輸入參數，參數定義以下：

- Input 1 為開啟 LED 1
- Input 2 為關閉 LED 1
- Input 3 為開啟 LED 2
- Input 4 為關閉 LED 2

- Input 5 為開啟 LED 3
- Input 6 為關閉 LED 3

當 ESP32 收到一個 `/lamp` HTTP 請求並搭配輸入參數 1 時，ESP32 程式便會開啟 LED 1。Android 應用程式會根據請求類型向 ESP32 執行 HTTP 請求。

程式首先會把 ESP32 板變成一個名為 `SMART-MOBILE` 的 Wi-Fi AP。想要控制燈組的使用者必須加入這個 Wi-Fi SSID 才行。本範例依然使用 ESP-WROVER-KIT v4 開發板。

接下來會示範硬體接線。

◉ 硬體接線

硬體接線會需要用到三顆 LED 和一些跳線。若你使用的是其他開發板，可能會因為 I/O 腳位的電壓不同而另外需要一些像是 220 歐姆的電阻來建立接線。請將三顆 LED 分別接到 ESP32 開發板的 IO12、IO14 和 IO26 輸出腳位，圖 9-2 為接線實作：

▲ **圖 9-2**：智慧手機專案的硬體接線範例

接著來開發 ESP32 程式。

◉ 開發 ESP32 程式

首先建立一個名為 smartmobile 的 ESP32 專案，主程式為 smartmobile.c。此專案將建立一個簡單的網路伺服器來處理圖 9-1 中所描述的 HTTP 請求。

先來看看 smartmobile.c 檔案：

1. 匯入本專案所需的標頭檔，如下：

```
#include <esp_wifi.h>
#include <esp_event_loop.h>
#include <esp_log.h>
#include <esp_system.h>
#include <nvs_flash.h>
#include <sys/param.h>

#include "tcpip_adapter.h"
#include "lwip/err.h"
#include "lwip/sockets.h"
#include "lwip/sys.h"
#include "lwip/netdb.h"
#include "lwip/dns.h"
#include "freertos/event_groups.h"

#include <esp_http_server.h>
```

2. 定義 log、state 和 ESP32 I/O 腳位相關的變數。接著定義所有燈組為 IO12、IO14 和 IO26，並宣告燈組狀態為 lamp1_state、lamp2_state 和 lamp3_state 變數：

```
static const char *TAG="SMARTMOBILE";
static EventGroupHandle_t wifi_event_group;
static const int CONNECTED_BIT = BIT0;
static const int WIFI_INIT_DONE_BIT = BIT1;

#define LAMP1 12
#define LAMP2 14
#define LAMP3 26

int lamp1_state, lamp2_state, lamp3_state;
```

3. 建立一個名為 smartmobile 的 ESP32 專案，將專案的主程式檔案命名為 smartmobile.c。

4. 在 app_main() 進入點，呼叫 nvs_flash_init() 函數來初始化 **non-volatile storage（NVS）**快閃記憶體。NVS 是一種輕型記憶體，讓我們可以在 ESP32 開發板上儲存重要的資料。ESP32 原廠文件中有更多關於 NVS 的資訊：

   https://docs.espressif.com/projects/esp-idf/en/latest/api-reference/storage/nvs_flash.html
   （縮址：https://is.gd/nIsoig）

5. 呼叫 initialize_gpio() 函數來初始化 ESP32 I/O 腳位。

6. 呼叫 initialize_wifi() 函數在 ESP32 板上執行 Wi-Fi 服務。HTTP 伺服器處理器是被宣告為 server 變數，並傳送到 initialize_wifi() 函數中：

```
void app_main()
{
   static httpd_handle_t server = NULL;
   ESP_ERROR_CHECK(nvs_flash_init());
   initialize_gpio();
   initialize_wifi(&server);
}
```

   initialize_gpio() 函數是用來初始化 ESP32 I/O 腳位。

7. 請將 I/O 腳位設定為 GPIO_MODE_OUTPUT，並呼叫 gpio_set_level() 函數搭配數值 0 來關閉所有 LED，如以下程式碼所示：

```
static void initialize_gpio(){

    ESP_LOGI(TAG, "initialize GPIO");
    // 設定 GPIO 腳位編號與模式
    gpio_pad_select_gpio(LAMP1);
    gpio_set_direction(LAMP1, GPIO_MODE_OUTPUT);

    gpio_pad_select_gpio(LAMP2);
```

```
    gpio_set_direction(LAMP2, GPIO_MODE_OUTPUT);

    gpio_pad_select_gpio(LAMP3);
    gpio_set_direction(LAMP3, GPIO_MODE_OUTPUT);

    // 關閉所有燈組
    gpio_set_level(LAMP1, 0);
    gpio_set_level(LAMP2, 0);
    gpio_set_level(LAMP3, 0);

    lamp1_state = 0;
    lamp2_state = 0;
    lamp3_state = 0;
}
```

8. 使用 initialize_wifi() 函數以初始化 ESP32 開發板上的 Wi-Fi 服務。接著，建立 Wi-Fi AP，SSID 名稱設定為 SMART-MOBILE，SSID 金鑰設定為 123456789。使用 WIFI_MODE_AP 參數來呼叫 esp_wifi_set_mode() 函數。

9. 設定 Wi-Fi 的認證模式為 WIFI_AUTH_WPA_PSK。把 event_handler() 函數送入 esp_event_loop_init() 函數來處理 Wi-Fi 事件。

10. initialize_wifi() 函數實作如下：

```
void initialize_wifi(void *arg)
{
    ESP_LOGI(TAG, "initialize Wi-Fi ");

    tcpip_adapter_ip_info_t ip_info;
    // ESP_ERROR_CHECK(nvs_flash_init());
    // 設定 TCP 範圍
    tcpip_adapter_init();
    tcpip_adapter_dhcps_stop(TCPIP_ADAPTER_IF_AP);
    tcpip_adapter_get_ip_info(TCPIP_ADAPTER_IF_AP, &ip_info);
    ip_info.ip.addr = inet_addr("192.168.0.1");
    ip_info.gw.addr = inet_addr("192.168.0.0");
    tcpip_adapter_set_ip_info(TCPIP_ADAPTER_IF_AP, &ip_info);
    tcpip_adapter_dhcps_start(TCPIP_ADAPTER_IF_AP);
    // 初始化 wifi
    wifi_event_group = xEventGroupCreate();
    ESP_ERROR_CHECK( esp_event_loop_init(event_handler, arg));
```

```
    wifi_init_config_t cfg = WIFI_INIT_CONFIG_DEFAULT();
    ESP_ERROR_CHECK( esp_wifi_init(&cfg) );
    ESP_ERROR_CHECK( esp_wifi_set_mode(WIFI_MODE_AP) );
```

在 wifi_config 結構中儲存由 ESP8266 建立並執行的 AP 之 Wi-Fi SSID：

```
 wifi_config_t wifi_config;
 memcpy(wifi_config.ap.ssid, "SMART-MOBILE", sizeof("SMART- MOBILE"));
 memcpy(wifi_config.ap.password, "123456789", sizeof("123456789"));
 wifi_config.ap.ssid_len = strlen("SMART-MOBILE");
 wifi_config.ap.max_connection = 1;
 wifi_config.ap.authmode = WIFI_AUTH_WPA_PSK;
 ESP_ERROR_CHECK(esp_wifi_set_config(ESP_IF_WIFI_AP, &wifi_config));
 esp_wifi_start();
}
```

現在，wifi_config 結構已填滿相關資訊，請呼叫 esp_wifi_start() 函數來啟動 Wi-Fi 服務。

event_handler() 函數會監聽來自 ESP32 開發板 Wi-Fi 服務的所有事件，但我們只監聽以下四個事件：

- SYSTEM_EVENT_AP_STACONNECTED
- SYSTEM_EVENT_STA_START
- SYSTEM_EVENT_STA_GOT_IP
- SYSTEM_EVENT_STA_DISCONNECTED

11. 當由 Wi-Fi 服務收到 SYSTEM_EVENT_AP_STACONNECTED 事件時，呼叫 start_webserver() 函數來啟動網路伺服器：

```
static esp_err_t event_handler(void *ctx, system_event_t *event)
{
    httpd_handle_t *server = (httpd_handle_t *) ctx;

    switch (event->event_id) {
        ....
        case SYSTEM_EVENT_AP_STACONNECTED:
            xEventGroupSetBits(wifi_event_group, CONNECTED_BIT);
            ESP_LOGI(TAG, "sta connect");
```

```
            /* Start the web server */
            if (*server == NULL) {
                *server = start_webserver();
            }
            break;
```

12. 從 Wi-Fi 服務收到 SYSTEM_EVENT_STA_DISCONNECTED 事件時，呼叫 stop_webserver() 函數來停止網路伺服器：

```
switch (event->event_id) {
    ...
    case SYSTEM_EVENT_STA_DISCONNECTED:
        esp_wifi_connect();
        /* Stop the web server */
        if (*server) {
            stop_webserver(*server);
            *server = NULL;
        }

        break;
    default:
        break;
}
```

13. 使用 start_webserver() 和 stop_webserver() 函數來啟動或暫停網路伺服器。httpd_start() 函數可用來啟動 HTTP 伺服器，而 httpd_stop() 函數則用來關閉。所有 HTTP 請求都必須暫存在 ESP32 開發板上。啟動網路伺服器時，請透過 httpd_register_uri_handler() 函數來暫存所有針對 /ping、/state 和 /lamp 的 HTTP 請求。

    我們會在 ESP32 開發板上暫存所有 HTTP 請求來啟動網路伺服器，如以下程式碼所示：

```
httpd_handle_t start_webserver(void)
{
    httpd_handle_t server = NULL;
    httpd_config_t config = HTTPD_DEFAULT_CONFIG();

    // 啟動 httpd 伺服器
    ESP_LOGI(TAG, "Starting server on port: '%d'",
```

```
config.server_port);
    if (httpd_start(&server, &config) == ESP_OK) {
        // 設定 URI 處理器
        ESP_LOGI(TAG, "Registering URI handlers");
        httpd_register_uri_handler(server, &state);
        httpd_register_uri_handler(server, &lamp_post);
        httpd_register_uri_handler(server, &ping);
        return server;
    }

    ESP_LOGI(TAG, "Error starting server!");
    return NULL;
}

void stop_webserver(httpd_handle_t server)
{
    // 停止 httpd 伺服器
    httpd_stop(server);
}
```

14. /ping 請求會透過 httpd_uri_t 被宣告為 ping 變數。

15. 在 ping_get_handler() 函數中實作 /ping 請求，並向請求者發送一筆 "pong!" 訊息。

    ping_get_handler() 函數實作，如下：

```
esp_err_t ping_get_handler(httpd_req_t *req)
{
    const char* resp_str = (const char*) req->user_ctx;
    httpd_resp_send(req, resp_str, strlen(resp_str));

    return ESP_OK;
}
httpd_uri_t ping = {
    .uri = "/ping",
    .method = HTTP_GET,
    .handler = ping_get_handler,
    .user_ctx = "pong!"
};
```

16. /state 請求會透過 httpd_uri_t 被宣告為 state 變數。

17. 在 state_get_handler() 函數中實作 /state 請求，把儲存於 lamp1_state、lamp2_state 和 lamp3_state 變數中的所有燈組狀態發送出去，如下：

```
esp_err_t state_get_handler(httpd_req_t *req)
{
    char buf[15];
    sprintf(buf,"1:%d,2:%d,3:%d",lamp1_state,lamp2_state,lamp3_state);
    httpd_resp_send(req, buf, strlen(buf));
    return ESP_OK;
}

httpd_uri_t state = {
    .uri = "/state",
    .method = HTTP_GET,
    .handler = state_get_handler,
    .user_ctx = NULL
};
```

18. /lamp 請求會透過 httpd_uri_t 被宣告為 lamp 變數。在 state_get_handler() 函數中實作 /lamp 請求。接著解析請求內容，並根據其內容輸入來執行任務：

```
/* An HTTP POST handler */
esp_err_t lamp_post_handler(httpd_req_t *req)
{
    char buf[100];
    int ret, remaining = req->content_len;
    while (remaining > 0) {

        buf[0] = '\0';
        if ((ret = httpd_req_recv(req, &buf, 1)) <= 0) {
            if (ret == HTTPD_SOCK_ERR_TIMEOUT) {
                httpd_resp_send_408(req);
            }
            return ESP_FAIL;
        }
        buf[ret] = '\0';
        ESP_LOGI(TAG, "Recv HTTP => %s", buf);
        switch(buf[0]){
```

```
            ....
        }
    ....
}
```

輸入內容為步驟 1 至 6：

- 1: turn on lamp1
- 2: turn off lamp1
- 3: turn on lamp2
- 4: turn off lamp2
- 5: turn on lamp3
- 6: turn off lamp3

以下程式碼會執行這些任務來檢查所有燈組的狀態：

```
        switch(buf[0]){
            case '1':
                ESP_LOGI(TAG, ">>> Turn on LAMP 1");
                gpio_set_level(LAMP1, 1);
                sprintf(buf,"Turn on LAMP 1");
                httpd_resp_send_chunk(req, buf, strlen(buf));
                lamp1_state = 1;
                break;

...
    // 結束回應
    httpd_resp_send_chunk(req, NULL, 0);
    return ESP_OK;
}
```

接著，把 pass lamp_post_handler() 函數送入 httpd_uri_t 物件：

```
httpd_uri_t lamp_post = {
    .uri = "/lamp",
    .method = HTTP_POST,
    .handler = lamp_post_handler,
    .user_ctx = NULL
};
```

最後請儲存程式。

知道如何建立 ESP32 程式並檢查了燈組狀態之後，接下來要開發 Android 應用程式。

◉ 開發 Android 應用程式

本節要開發一個 Android 應用程式。請從 Android 的官網看看安裝 Android Studio 所需的系統要求。我們使用 Kotlin 作為程式設計語言。若你對 Kotlin 還不熟悉，建議先看看相關網站或書籍。Kotlin 的官網網址如下：

`https://kotlinlang.org/`

本範例會用到 Volley 函式庫以透過 HTTP 請求與 ESP32 開發板溝通。此函式庫可以在網路伺服器上執行 HTTP `GET`、`POST`、`DEL` 和 `PUT` 等請求。更多關於 Volley 函式庫的資訊請參考：

`https://developer.android.com/training/volley`

接著來開發 Android 專案吧！

◉ 開發 Android 專案

Android Studio 因為其良好的 IDE 功能，讓開發 Android 專案變得更簡單。本專案將建立一個 Android 應用程式來存取 ESP32 程式。在此將使用 Android Studio 來建立 Android 專案，在 Windows、Linux 與 macOS 作業系統上都可以安裝這個開發環境。

安裝好 Android Studio 之後，請執行以下步驟：

1. 選擇 **Basic Activity** 專案模板，如圖 9-3 所示，並點擊 **Next**：

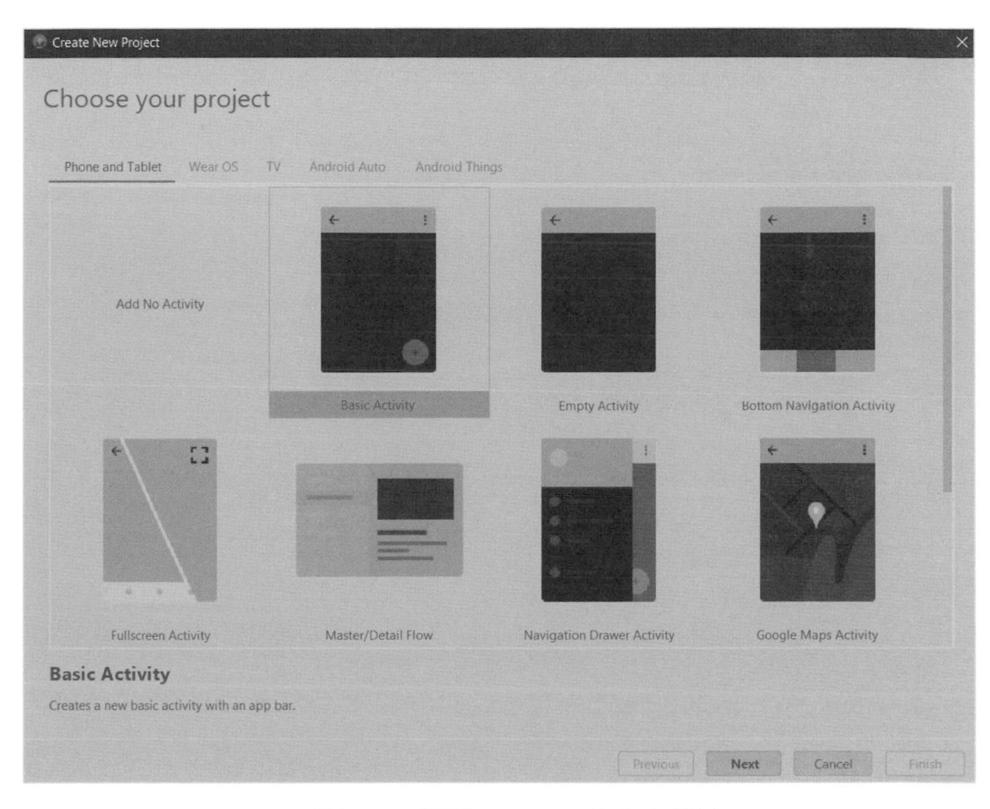

▲ **圖 9-3**：選擇 Android 的專案模板

2. 接著會看到如圖 9-4 的表格。請填寫專案名稱並選擇 Kotlin 作為程式語言。在 **Minimum API level** 中，可以選擇你自己的 API。我是用 **API 22: Android 5.1 （Lollipop）**：

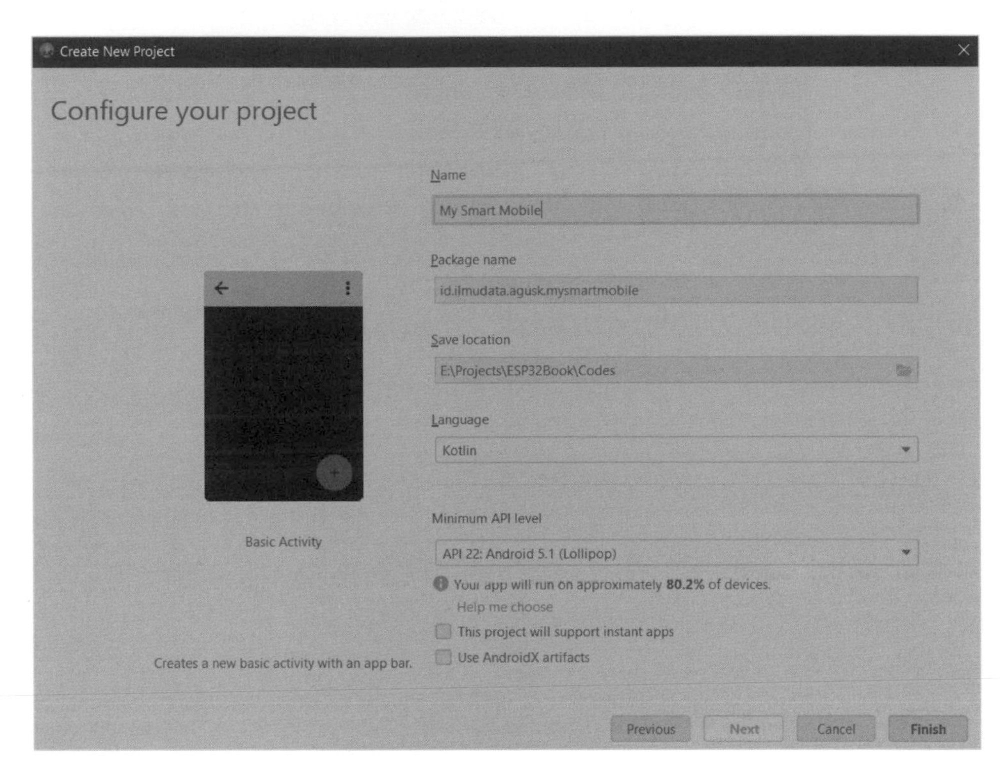

▲ **圖 9-4**：設定專案配置

3. 填寫完各項資訊之後（如圖 9-4），請點擊 **Finish**，你會在 Android Studio 中看到你的專案檔案與相關設定（請參考圖 9-5）。

接著來設定專案。

◉ 設定 Android 專案

設定專案的步驟如下：

1. Android Studio 使用 Gradle 來設定專案。我們要把 Volley 函式庫包含在 build.gradle 檔案之中。新增以下腳本便可加入 Volley 函式庫：

```
dependencies {
   ...
   implementation 'com.android.volley:volley:1.1.1'

}
```

   Android Studio 會根據變更後的 Gradle 設定檔載入所有函式庫。

2. 由於本專案需要連上網路，所以需要設定安全權限，請在 AndroidManifest.xml 檔案中加入 android.permission.INTERNET，如以下所示：

```
<?xml version="1.0" encoding="utf-8"?>
<manifest
xmlns:android="http://schemas.android.com/apk/res/android"
          package="id.ilmudata.agusk.mysmartmobile">

   <uses-permission android:name="android.permission.INTERNET" />
   <application
           android:allowBackup="true"
           android:icon="@mipmap/ic_launcher"
           android:label="@string/app_name"
           android:roundIcon="@mipmap/ic_launcher_round"
           android:supportsRtl="true"
           android:theme="@style/AppTheme">
        ...
        </activity>
    </application>

</manifest>
```

3. 最後，請儲存變更。

接下來，我們要建立應用程式的使用者介面。

◉ 建立 Android 程式的 UI

我們要為這個手機程式建立一個簡單的 UI，將用到兩個**按鈕**和三**個開關**來控制對應的元件。

請根據以下指令來操作：

1. UI 設計如圖 9-5 所示。**PING ESP32** 按鈕會對 ESP32 開發板執行 `/ping` 請求，而 **GET LAMP SATES** 按鈕則會對 ESP32 開發板發出 `/state` 請求來取得燈組狀態。

2. 三個開關分別代表三顆燈，開關狀態如果為開啟，則對應的燈會亮起：

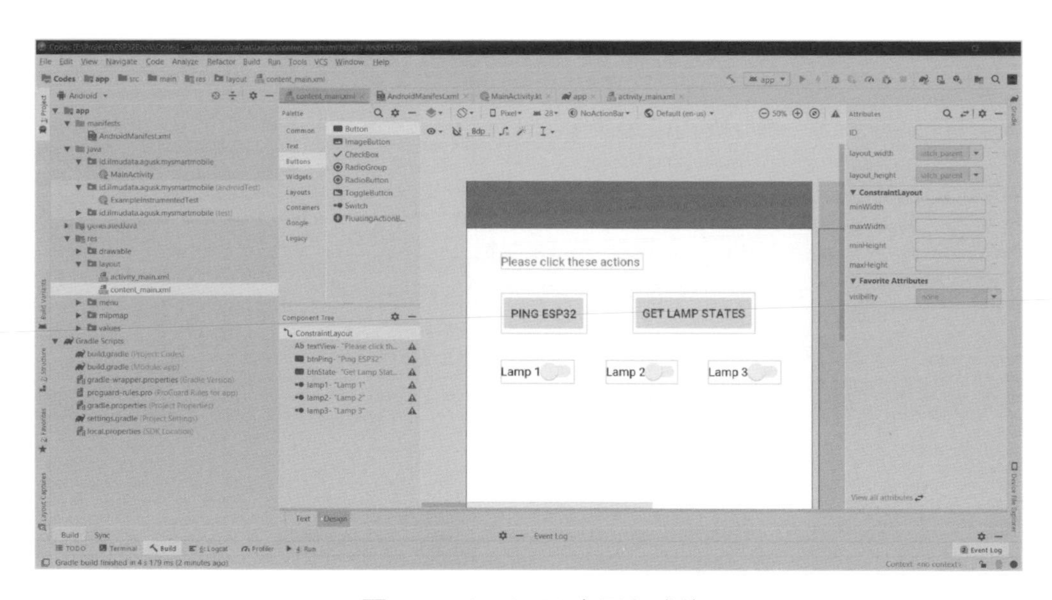

▲ **圖 9-5**：Android 應用程式的 UI

3. 請在 `content_main.xml` 和 `activity_main.xml` 檔案中實作 Android UI，這些檔案會放在 Android 專案的 Layout 資料夾中。

4. content_main.xml 中對應了所有按鈕的 android:onclick 事件，以下為各個按鈕的控制事件：

```
<Button
        android:text="Ping ESP32"
        android:layout_width="wrap_content"
        android:layout_height="wrap_content"
        android:id="@+id/btnPing" android:onClick="pingESP32"
        android:layout_marginTop="28dp"
        app:layout_constraintTop_toBottomOf="@+id/textView"
        android:layout_marginStart="40dp"
        app:layout_constraintStart_toStartOf="parent"/>
<Button
        android:text="Get Lamp States"
        android:layout_width="wrap_content"
        android:layout_height="wrap_content"
        android:id="@+id/btnState"
        android:layout_marginTop="76dp"
        app:layout_constraintTop_toTopOf="parent"
        app:layout_constraintStart_toStartOf="parent"
        android:layout_marginStart="196dp"
        android:onClick="getLampStates"/>
```

5. 另外還要完成開關與其對應的改變事件。請為各開關設定一個控制 ID。以下為 content_main.xml 檔案中的開關內容：

```
<Switch
        android:text="Lamp 1"
        android:layout_width="wrap_content"
        android:layout_height="wrap_content"
        android:id="@+id/lamp1"
        android:layout_marginTop="156dp"
        app:layout_constraintTop_toTopOf="parent"
        app:layout_constraintStart_toStartOf="parent"
        android:layout_marginStart="40dp"/>
<Switch
        android:text="Lamp 2"
        android:layout_width="wrap_content"
        android:layout_height="wrap_content"
        android:id="@+id/lamp2"
        android:layout_marginTop="156dp"
        app:layout_constraintTop_toTopOf="parent"
```

```
app:layout_constraintStart_toStartOf="parent"
            android:layout_marginStart="164dp"/>
    <Switch
            android:text="Lamp 3"
            android:layout_width="wrap_content"
            android:layout_height="wrap_content"
            android:id="@+id/lamp3"
            android:layout_marginTop="156dp"
            app:layout_constraintTop_toTopOf="parent"
            app:layout_constraintStart_toStartOf="parent"
            android:layout_marginStart="288dp"/>
```

6. 儲存上述腳本後，請繼續開發主程式。

◉ 編寫 Android 程式

主程式儲存於 MainActivity.kt 檔案中，我們要透過按鈕與開關控制來實作所有的控制事件：

1. 載入所有會用到的函式庫，如下：

```
import android.os.Bundle
import android.support.design.widget.Snackbar
import android.support.v7.app.AppCompatActivity
import android.view.Menu
import android.view.MenuItem
import android.view.View
import android.widget.Toast

import kotlinx.android.synthetic.main.activity_main.*
import android.widget.Switch
import com.android.volley.AuthFailureError
import com.android.volley.Request
import com.android.volley.Response
import com.android.volley.toolbox.StringRequest
import com.android.volley.toolbox.Volley
```

2. 請定義 pingESP32() 函數以接收來自 PING ESP32 按鈕的 onlick 事件。接著，向 ESP32 開發板發送 /ping 請求。透過 makeText() 函數，來自 ESP32 開發板的回應會透過 Toast 顯示出來：

```
fun pingESP32(view : View){
    val queue = Volley.newRequestQueue(this@MainActivity)
    val url = "http://192.168.0.1/ping"

    val stringRequest = StringRequest(Request.Method.GET, url,
        Response.Listener<String> { response ->
            Toast.makeText(this,"Response: $response",
                           Toast.LENGTH_LONG).show()
        },
        Response.ErrorListener { volleyError -> Toast.makeText(this,"$volley
Error",Toast.LENGTH_LONG).show()
        })

    queue.add(stringRequest)
}
```

3. 定義 getLampStates() 函數來接收所有燈組的狀態。當使用者點擊 getlampstates 按鈕後會呼叫這個函數。在 getLampStates() 函數中，會對 ESP32 開發板發送 /state 請求。回應一樣會顯示於 Toast 中，如下：

```
fun getLampStates(view : View){
     val queue = Volley.newRequestQueue(this@MainActivity)
     val url = "http://192.168.0.1/state"

     val stringRequest = StringRequest(Request.Method.GET, url,
         Response.Listener<String> { response ->
             Toast.makeText(this,"Response: $response",
                            Toast.LENGTH_LONG).show()

         },
         Response.ErrorListener { volleyError ->
Toast.makeText(this,"$volleyError",Toast.LENGTH_LONG).show()
         })
    queue.add(stringRequest)
}
```

4. 程式初始化是在 Android 的 onCreate 事件中完成的，包括來自開關控制的 setOnCheckedChangeLister 對應事件。若開關控制的數值改變了，就呼叫 applyLamp() 函數來開燈或關燈：

```
override fun onCreate(savedInstanceState: Bundle?) {
    super.onCreate(savedInstanceState)
    setContentView(R.layout.activity_main)
    setSupportActionBar(toolbar)

....

    val lamp1witch = findViewById(R.id.lamp1) as Switch
    lamp1witch.setOnCheckedChangeListener { buttonView,
isChecked ->
        if(isChecked){
            // Toast.makeText(this,"Lamp 1 on",Toast.LENGTH_LONG).show()
            applyLamp(1)
        }else{
            // Toast.makeText(this,"Lamp 1 off",Toast.LENGTH_LONG).show()
            applyLamp(2)
        }
    }
    val lamp2witch = findViewById(R.id.lamp2) as Switch
    lamp2witch.setOnCheckedChangeListener { buttonView,
isChecked ->
        if(isChecked){
            // Toast.makeText(this,"Lamp 2 on",Toast.LENGTH_LONG).show()
            applyLamp(3)
        }else{
            // Toast.makeText(this,"Lamp 2 off",Toast.LENGTH_LONG).show()
            applyLamp(4)
    }
}
```

lamp2witch 和 lamp3witch 的程式碼基本上和 lamp1witch 是一樣的，只要把 R.id.lamp1 換成 R.id.lamp2 和 R.id.lamp3 就好。另外，applyLamp(x) 函數針對 lamp2 會用到參數 3 和 4，而 lamp3 則會用到參數 5 和 6：

```
    val lamp3witch = findViewById(R.id.lamp3) as Switch
    lamp3witch.setOnCheckedChangeListener { buttonView, isChecked ->
        if (isChecked) {
            // Toast.makeText(this,"Lamp 3 on",Toast.LENGTH_LONG).show()
            applyLamp(5)
        } else{
            // Toast.makeText(this,"Lamp 3 off",Toast.LENGTH_LONG).show()
            applyLamp(6)
        }
    }
}
```

5. 使用 applyLamp() 函數將 /lamp 請求發送給 ESP32 開發板。輸入資料接著會傳到請求主體中。/lamp 請求的結果將呈現於 Toast 中：

```
fun applyLamp(cmd: Int){
    val queue = Volley.newRequestQueue(this@MainActivity)
    val url = "http://192.168.0.1/lamp"
    val stringRequest = object: StringRequest(Request.Method.POST, url,
    Response.Listener<String> { response ->
        Toast.makeText(this,"Response: $response",Toast.LENGTH_LONG).show()
    },
    ....
    queue.add(stringRequest)
}
```

儲存所有程式碼。現在請點選 compile 來編譯 Android 專案，檢查一下還有沒有錯誤。

接著要來測試專案。

◉ 使用 Postman 來測試程式

我們會用 Postman 工具來測試 HTTP GET/POST。請由以下網址下載 Postman：

https://www.getpostman.com/

這個工具可用來分析某個網路應用程式的 RESTful API。透過 Postman，我們可以測試許多 HTTP 方法，像是 `GET`、`POST`、`DEL` 和 `PUT`。也可以在對伺服器發送 HTTP 請求之前先修改 HTTP 標頭檔。

作為示範，請先連上 ESP32 所產生的 Wi-Fi SSID。你應該會在 SSID 清單上看到 `SMART-MOBILE`，如圖 9-6：

1. 先前在 ESP32 程式中已把 SSID 金鑰設定為 123456789。連上 Wi-Fi 網路後，接著就要輸入這筆 SSID 金鑰：

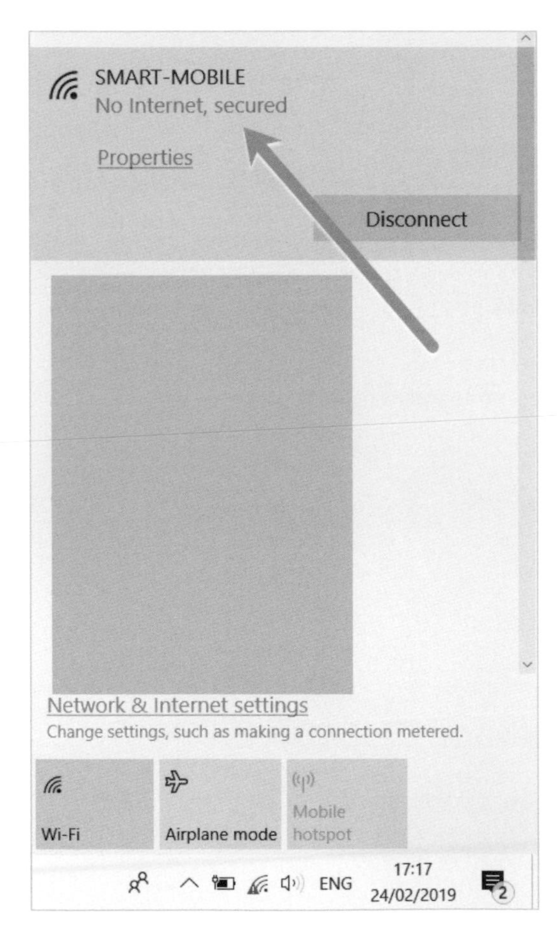

▲ **圖 9-6**：從 ESP32 SSID 加入 SMART-MOBILE

2. 加入 SMART-MOBILE Wi-Fi 後，便可以開始測試程式。請用 Postman 工具來執行以下三個測試情境：

- 將 HTTP GET 網址設定為 http://192.168.0.1/ping 來執行回聲測試。
- 將 HTTP GET 網址設定為 http://192.168.0.1/state 來取得所有燈組目前的狀態。
- 將 HTTP POST 網址設定為 http://192.168.0.1/lamp 來開關燈組，Request body 數值請根據要控制的燈組來設為 1...6。

3. 完成這些設定之後，請點擊 **Send** 鍵將數值發送給 ESP32 開發板。接著你會從 ESP32 開發板得到一個回應。圖 9-7 是 Postman 送出一個輸入數值為 6 的 /lamp 請求之後的輸出畫面：

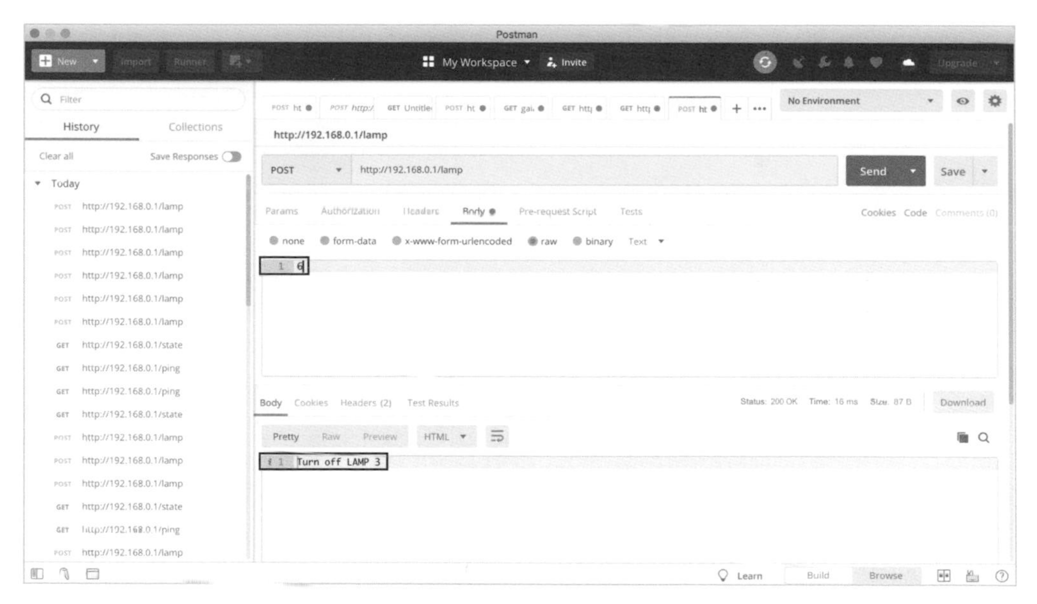

▲ 圖 9-7：用 Postman 測試 ESP32 網路伺服器

使用 Postman 測試完成之後，就可以用 Android 應用程式來測試了。

◉ 使用 Android 來測試程式

你可以用 Android 模擬器或是一台實體的 Android 手機來測試這個應用程式。在此我用 Android 模擬器來示範。在開啟模擬器之前，請確保你的電腦已連上 ESP32 開發板所產生的 Wi-Fi SSID 網路。

將專案部署到 Android 模擬器上之後，就會看到應用程式。圖 9-8 為 Android 應用程式執行於模擬器的畫面：

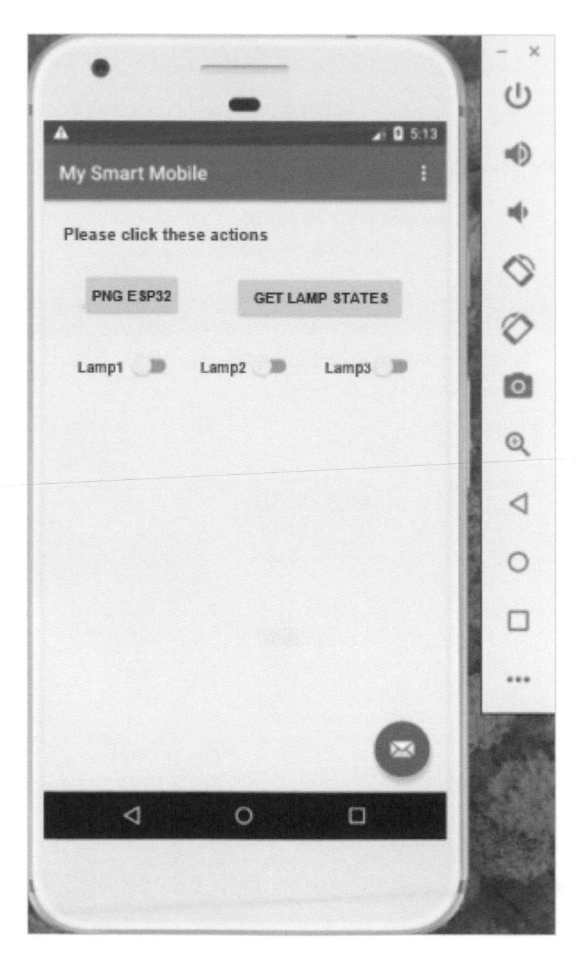

▲ **圖 9-8**：在模擬器上執行 Android 應用程式

點擊 **PING ESP32** 按鈕，檢查 Android 應用程式是否能夠連上 ESP32 開發板。如果成功，你會看到如圖 9-9 所顯示的通知。如果 ESP32 沒有反應，請檢查 ESP32 開發板的網路連線是否正常：

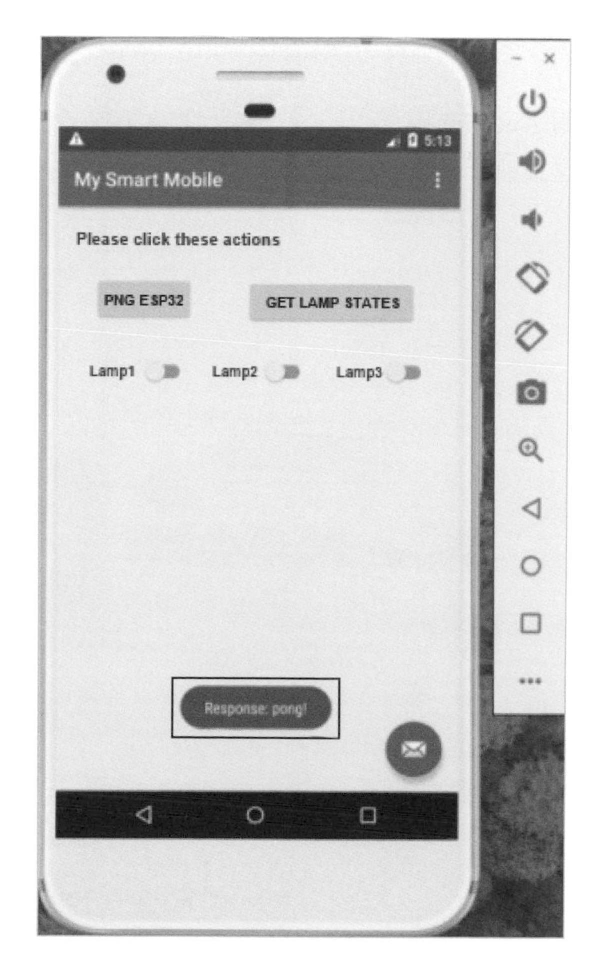

▲ **圖 9-9**：點擊 PING ESP32 按鈕之後的回應

現在，你應該可以點擊 Android 應用程式上的開關來控制燈組亮暗了，另外也會從 ESP32 開發板的網路伺服器收到一個回應通知。圖 9-10 為開啟 **Lamp 1** 之後收到的回覆通知：

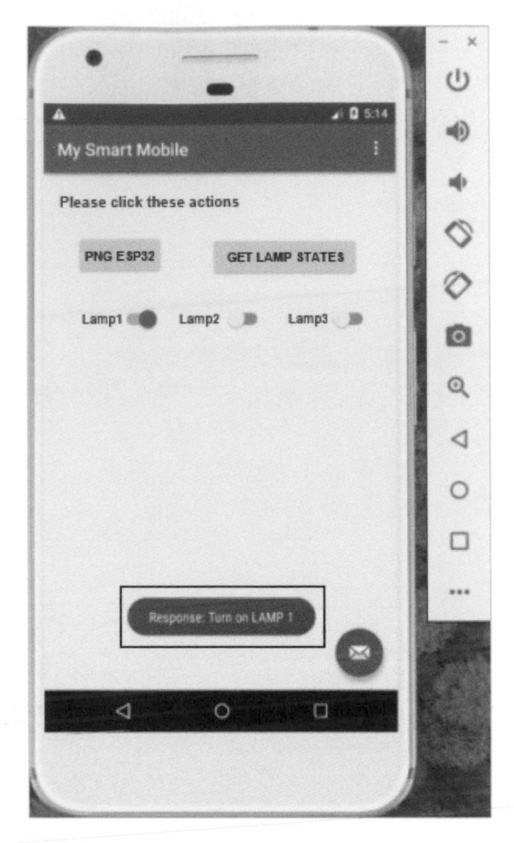

▲ **圖 9-10**：開啟 Lamp 1 (LED 1)

這個專案後續可以擴充更多功能，讓 Android 應用程式能進一步控制 ESP32 開發板上的感測器和致動器。

9.5 總結

你在本章中學到了如何開發 ESP32 程式和 Android 應用程式，並透過 Wi-Fi 通訊協定作為媒介使兩者互動。你也可以運用相同的做法讓 Android 應用程式來控制在 ESP32 板子上的感測器或致動器。

下一章要讓 ESP32 開發板與雲端系統來互動啦！

CHAPTER

10

使用雲端技術實作物聯網監控系統

雲端運算提供了兼具性能和擴充能力的先進科技。本章將探討如何在 **Amazon Web Services**（**AWS**）這類平台上使用雲端運算來連接 ESP32 開發板。讓 ESP32 開發板連上雲端伺服器之後，可以讓我們的物聯網專題更上一層樓來服務更多客戶。

本章主題如下：

- 簡介雲端科技
- 連接 ESP32 與雲端平台
- 讓 ESP32 連上 Amazon AWS 和 Microsoft Azure
- 使用 ESP32 和 AWS IoT 建立物聯網監控系統

10.1 技術要求

開始之前，請確認你已準備好以下項目：

- 安裝好作業系統的電腦，作業系統可為 Windows、Linux 或 macOS。
- 一塊 ESP32 開發板，建議使用 Espressif 自家的 ESP-WROVER-KIT 開發板。
- 可連接網際網路的 Wi-Fi 網路。
- Amazon AWS 之有效帳戶。

10.2 簡介雲端科技

雲端科技使我們能夠擴展基礎設施和軟體的功能。有些公司可能會在軟體和硬體的投資上遇到問題。此外，無論軟硬體都需要定期維護來維持性能、安全性和可擴充性。

基本上，雲端科技服務提供三種模式來解決各種商務問題，說明如下：

- **平台即服務（PaaS）**：此項服務提供一個管理應用程式的平台，且不需要擔心基礎設施的問題。
- **基礎結構即服務（IaaS）**：此項服務提供解決方案所需的基礎結構，而不需自行投資伺服器硬體。
- **軟體即服務（SaaS）**：此項服務提供許多隨時可供使用的軟體。

許多雲端科技公司，像是 Amazon AWS、Microsoft Azure 和 Google Cloud 皆提供上述的三種服務。有了雲端資源之後，我們只需為所使用的服務付費。

本章將使用 AWS 來示範雲端科技的運作。接下來，我們要讓 ESP32 開發板連接上雲端伺服器。

10.3 連接 ESP32 與雲端平台

從技術上來說，雲端供應商會提供 SDK 和 API 讓其他應用程式和系統可以進行存取。雲端 SDK 通常支援多種執行階段和程式語言以便開發雲端應用程式。

讓我們的物聯網設備連上雲端伺服器之前，請先檢查所選用的雲端供應商提供了怎樣的物聯網平台。Amazon AWS 有一項名為 AWS IoT 的物聯網雲端服務。多種物聯網平台都可連上 AWS IoT 並與其互動。由於 AWS 提供各項雲端服務，我們也可以將 AWS IoT 與其他 AWS 資源整合。更多關於 AWS IoT 的資訊請參考其原廠網站：

`http://aws.amazon.com/iot`

接下來，我們要開發一個 ESP32 程式來存取 AWS IoT。

10.4 使用 ESP32 和 AWS 建立物聯網監控

本節將使用 AWS IoT 服務並開發一個 ESP32 程式來連接 Amazon AWS。情境是將感測器資料傳送到 AWS IoT。我們要透過以下步驟以完成範例：

- 執行硬體接線
- 註冊物聯網裝置
- 於 AWS IoT 中設定裝置安全性政策
- 開發 ESP32 程式

接下來，請根據以下步驟來完成專案。

◉ 硬體接線

我們會使用 DHT22 模組作為 ESP32 開發板的感測器裝置。這會用到類似 dhtdemo 專案中的硬體接線，詳情請參考第 2 章「在 LCD 上視覺化呈現資料與動畫」。

接著，要在 AWS IoT 上註冊物聯網裝置。

◉ 註冊物聯網裝置

任何想要存取 AWS IoT 的物聯網裝置都需要先註冊。註冊完成後會從 AWS IoT 得到一個憑證檔案，我們要將這些檔案存進 ESP32 開發板。首先，你需要一個有效的 AWS 帳號才能註冊物聯網裝置。

請依照以下步驟於 AWS IoT 註冊裝置：

1. 開啟瀏覽器並輸入以下網址進入 **AWS IoT** 控制台：

   `http://console.aws.amazon.com/iot/home`

2. 登入你的 AWS 帳號，登入成功後會看到 **AWS IoT** 控制台，如下圖：

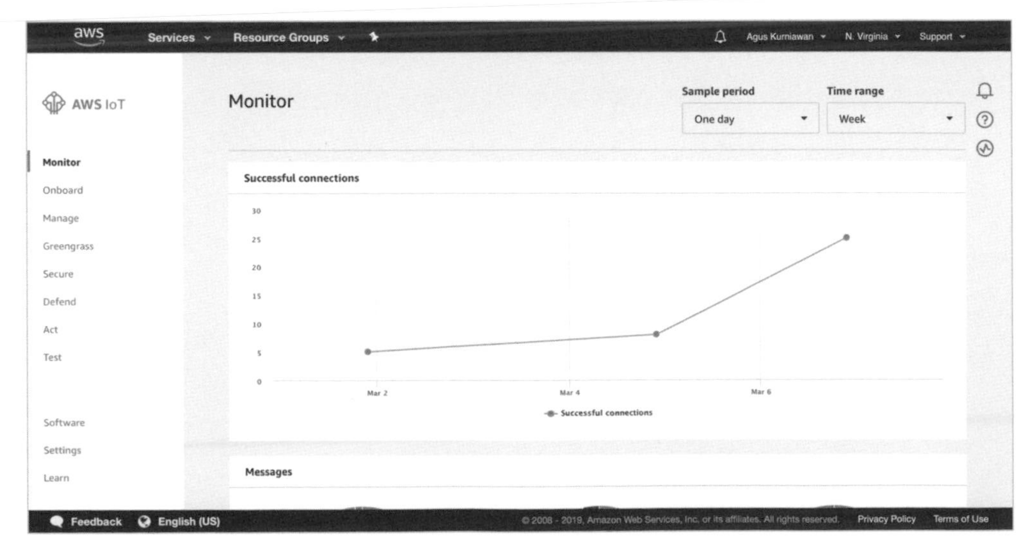

▲ **圖 10-1**：AWS IoT 控制台

3. 請建立一個新的物聯網裝置。
4. 於左方選單中選取 **Manage | Things**。
5. 你會看到如圖 10-2 的表單。
6. 請點擊 **Create** 以建立一個新的物聯網裝置：

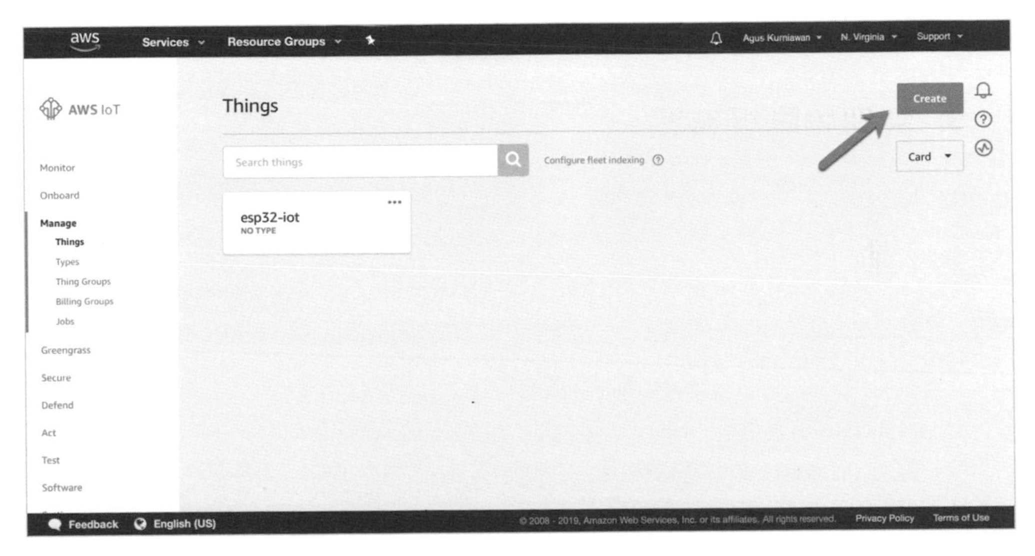

▲ **圖 10-2**：建立新的物聯網裝置

7. 你會看到一個新的表單，如圖 10-3。

8. 點擊 **Create a single thing** 以建立新的物聯網裝置：

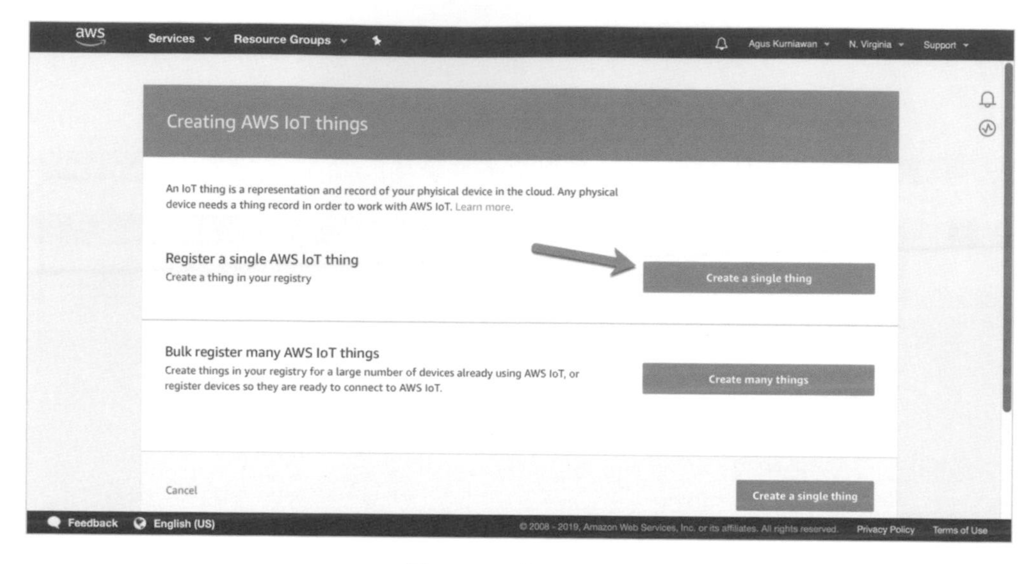

▲ 圖 10-3：註冊單一裝置

9. 點擊 **Create a single thing** 之後，會再看到一個新的表單，如圖 10-4。

10. 請填寫你的物聯網裝置名稱，如以下畫面的「esp32-iot」：

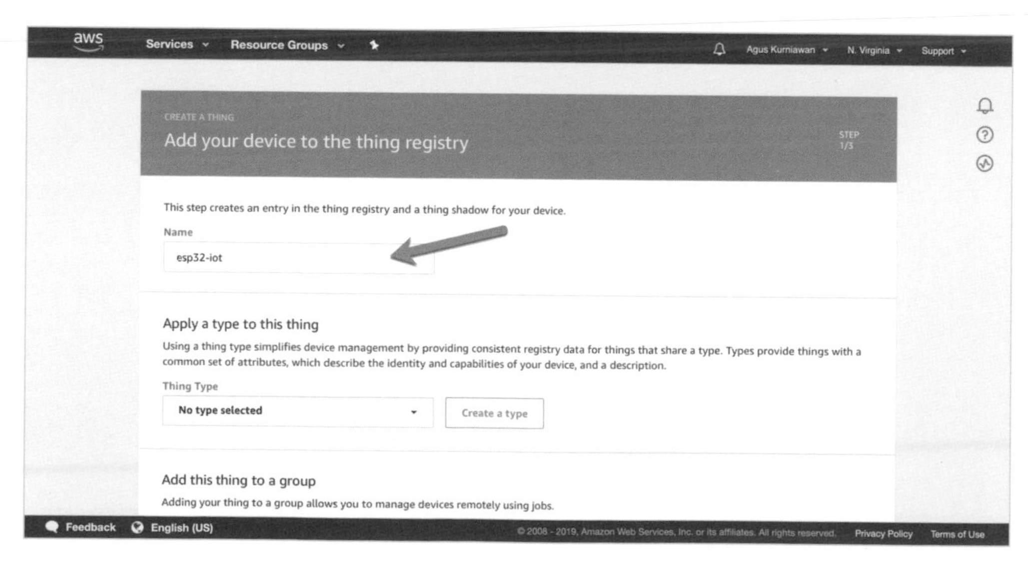

▲ 圖 10-4：命名裝置

11. 完成後，你的裝置就具備一個憑證了。

12. 你會看到如圖 10-5 的表單。

13. 請點擊 **Create certificate**，如以下畫面：

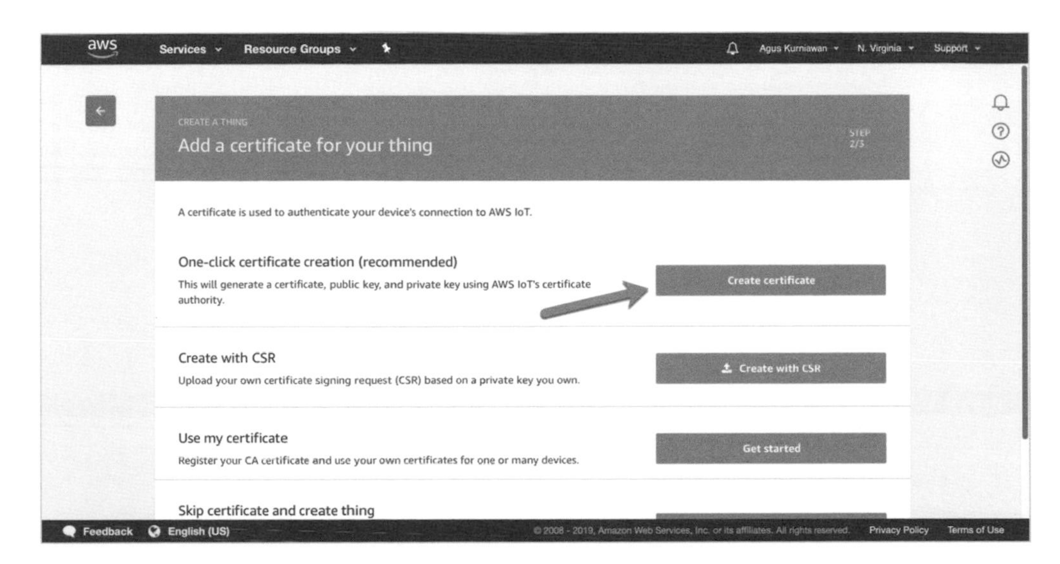

▲ **圖 10-5**：開立裝置憑證

14. 點擊後就可取得裝置憑證，如圖 10-6 所示。

15. 請下載所有憑證檔案，包括一個 AWS IoT 的 CA 根憑證。

16. 下載完成後，請點擊 **Activate** 以啟用裝置和憑證：

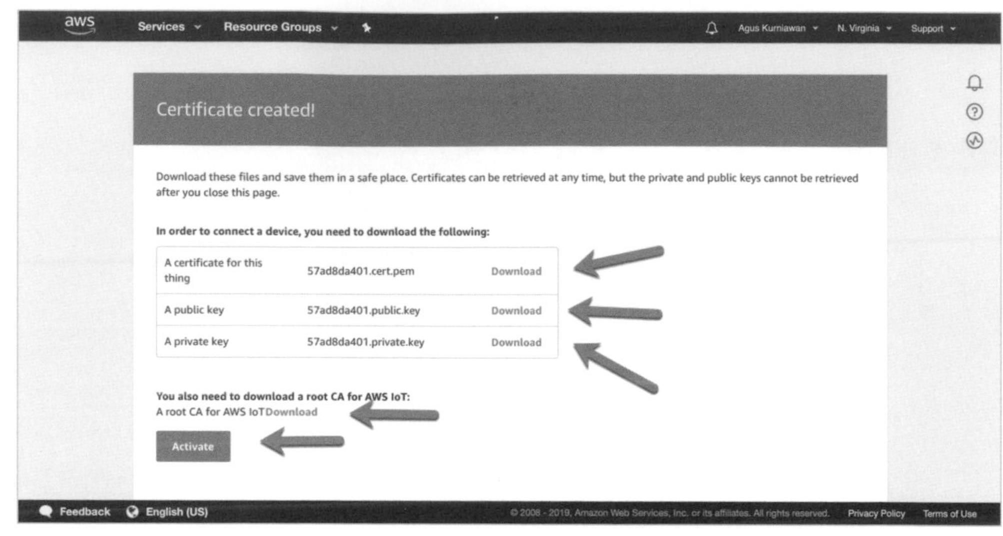

▲ **圖 10-6**：裝置憑證開立完成

現在，你已在 AWS IoT 上擁有一個新的物聯網裝置了。

接下來要配置安全性政策，讓裝置可以連上 AWS IoT 伺服器。

◉ 設定安全性政策

在 AWS IoT 中建立的每一個裝置憑證都會附加安全性政策。裝置安全性政策會包含 AWS IoT 伺服器的訪問權限。也就是說，如果裝置憑證中沒有附加安全性政策的話，你的物聯網裝置將無法存取 AWS IoT。

請依照以下步驟配置安全性政策：

1. 開啟瀏覽器並輸入以下網址進入 **AWS IoT** 控制台：

   `http://console.aws.amazon.com/iot/home`

2. 登入你的 AWS 帳號，登入成功後會看到 **AWS IoT** 控制台。

3. 選擇 **Secure | Policies** 選單，你會看到如圖 10-7 的表單。

4. 請點擊 **Create**，如下圖：

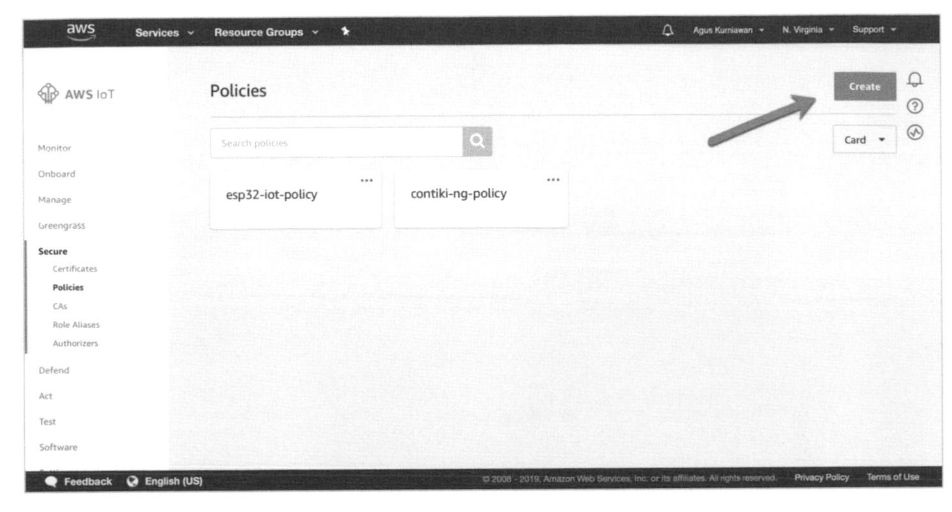

▲ **圖 10-7**：建立安全性政策

5. 點擊 **Create** 之後，你會看到如圖 10-8 的表單。

6. 接著請為你的安全性政策指定名稱。

7. 請在新增聲明中的 **Action** 填入 `"iot:*"`，並在 **Resource ARN** 中填入 `"*"`。這個聲明將允許我們的物聯網裝置連上 AWS IoT 服務：

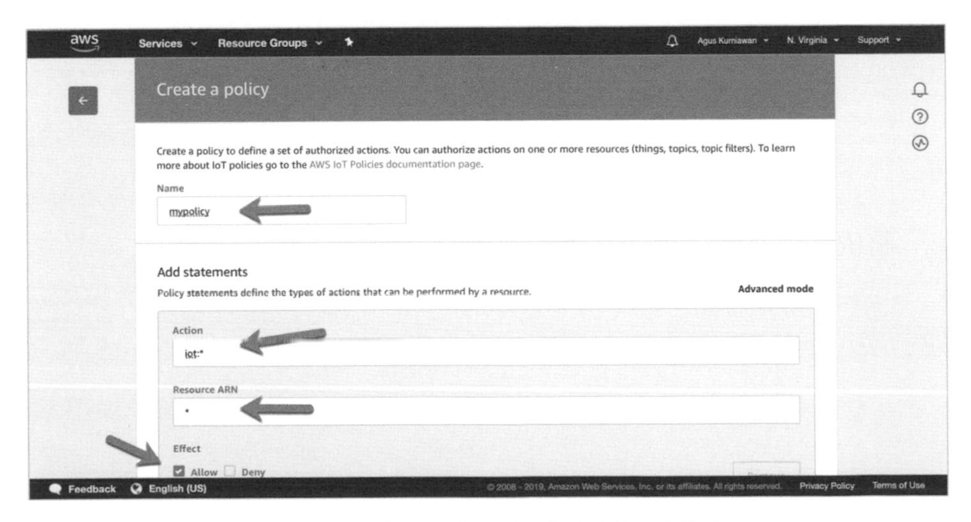

▲ **圖 10-8**：為安全性政策命名並給予權限

8. 建立此安全性政策。

9. 請選取 **Secure | Certificates** 選單。

10. 選取你的裝置憑證並點擊 **Actions** 選單。

11. 從下拉選單中選取 **Attach policy**，如圖 10-9 所示：

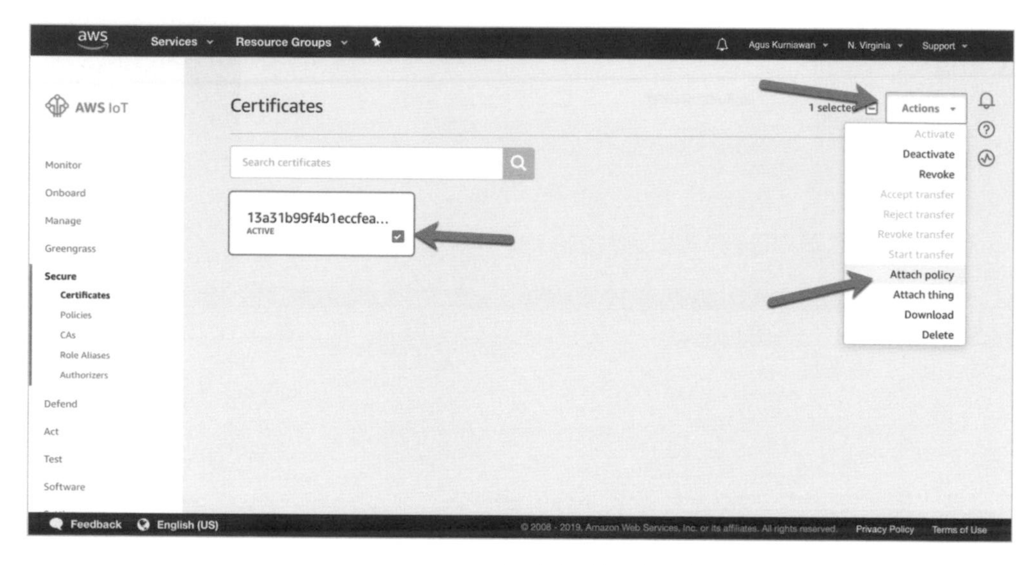

▲ **圖 10-9**：於憑證中附加安全性政策

12. 點擊選單後，你會看到一個如圖 10-10 的對話框。

13. 請選擇之前建立的安全性政策。

14. 選擇完畢後請點擊 **Attach**：

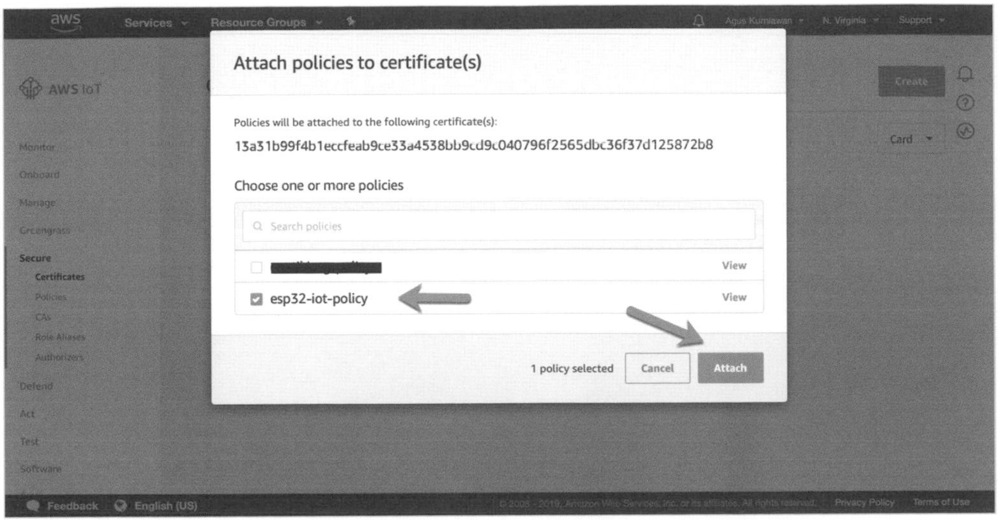

▲ 圖 10-10：選擇安全性政策

現在，你的裝置憑證已經成功附加安全性政策了。

接下來，我們要來開發一個 ESP32 程式以存取 AWS IoT。

◉ 開發 ESP32 程式

本節要寫一個 ESP32 小程式，情境是把感測器資料傳送到 AWS IoT。我們將使用 DHT22 模組作為感測裝置，它會產生溫度及濕度的感測資料。我們已經了解 DHT22 模組，現在只要專注於 AWS IoT 就好。

在此會修改 Espressif 的範例專案，請由以下網址下載：

`https://github.com/espressif/esp-aws-iot`

接著要來建立一個專案。

◉ 建立專案

請新增一個名為 awsiot 的資料夾以建立專案。你可以直接複製 aws_iot 專案，網址如下：

https://github.com/espressif/esp-aws-iot

請將主程式變更為 awsiot.c，並將 Makefile 程式重新命名為 awsiot。

ESP32 程式是透過伺服器驗證來存取 AWS IoT。我們要把所有裝置憑證檔案存入專案的資料夾，包括 CA 根憑證、裝置憑證和專用憑證。

請將所有憑證檔案存入專案資料夾中的 certs 資料夾，如圖 10-11 所示。接著依照以下步驟為憑證檔案重新命名：

- 請將 AWS IoT 的 CA 根憑證重新命名為 aws-root-ca.pem。
- 請將裝置憑證檔案重新命名為 certificate.pem.crt。
- 請將專用憑證檔案重新命名為 private.pem.key。

專案架構與憑證檔案將如圖 10-11 所示：

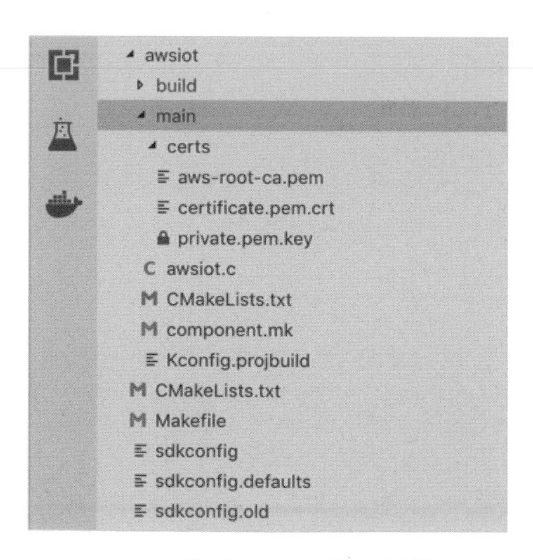

▲ 圖 10-11：專案架構

接下來，要設定專案讓它可以和 AWS IoT 互動。

◉ 設定專案

專案需要經過設定才能使用 AWS IoT，包含 Wi-Fi SSID、裝置憑證檔案和 AWS IoT 伺服器。

請依照以下步驟配置專案：

1. 打開終端機並輸入以下指令來執行 `menuconfig`：

```
$ make menuconfig
```

2. 接著你會看到 `menuconfig` 對話框。
3. 選擇 **Example Configuration** 選單。
4. 接著會出現如圖 10-12 的對話框。
5. 設定 SSID 與金鑰。
6. 設定 **AWT IoT Client ID**，可輸入任何數值：

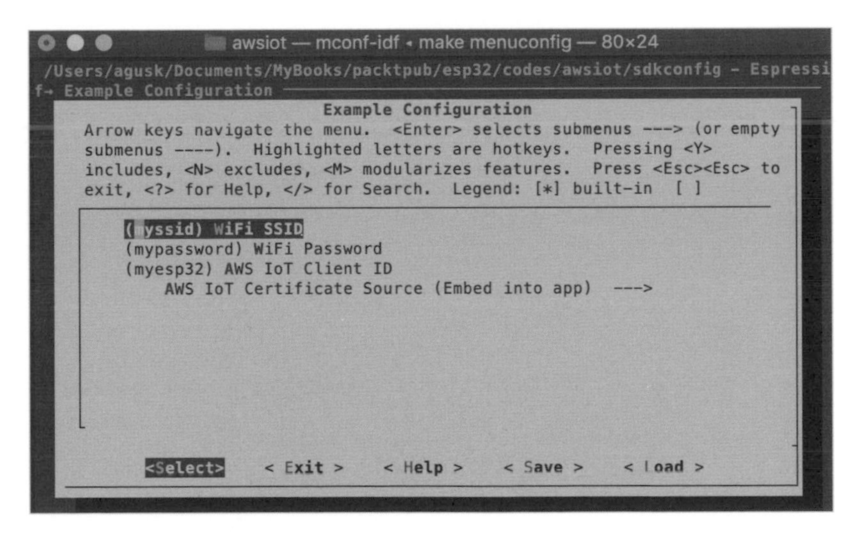

▲ **圖 10-12**：配置 Wi-Fi 與 AWS IoT Client ID

7. 完成後，接著要設定憑證檔案。
8. 請找到 **AWS IoT Certificate Source** 來產生憑證，如圖 10.12。

9. 接著會出現如圖 10-13 的表格。

10. 選擇 **Embed into app** 選項：

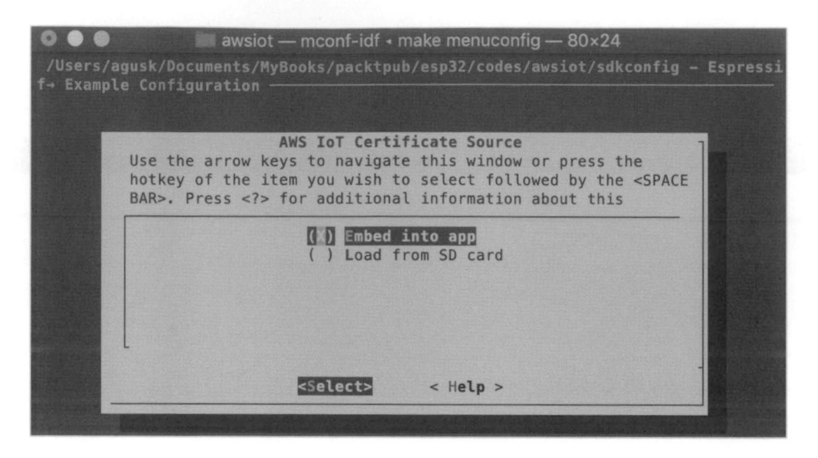

▲ 圖 **10-13**：在程式中選擇嵌入的憑證檔案

11. 接著回到 `menuconfig` 的根選單。

12. 現在要來設定 AWS IoT 伺服器端點。

13. 請找到 **Component config | Amazon Web Service IoT Platform**。

14. 會看到類似圖 10-14 的畫面。

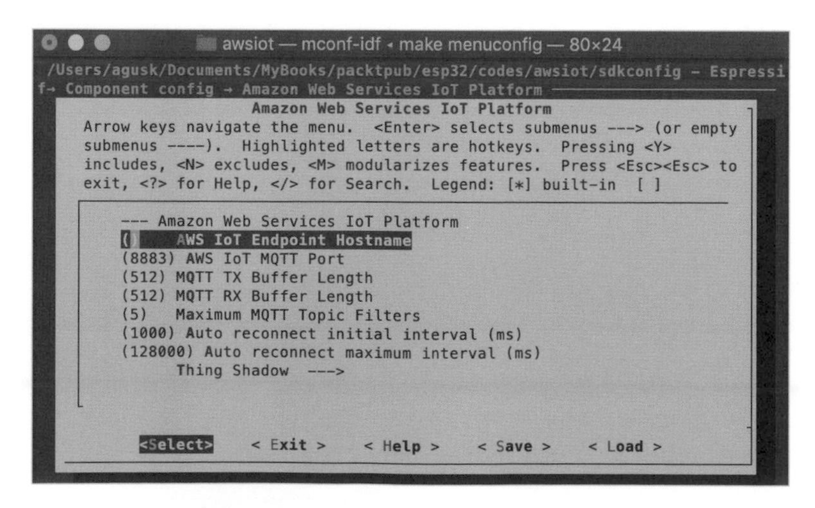

▲ 圖 **10-14**：填寫 AWS IoT 伺服器端點的內容

15. 請選擇 **AWS IoT Endpoint Hostname** 選單。

16. 填入你的 AWS IoT 端點。

17. 完成後，你的 **AWS IoT** 端點會出現在 AWS IoT 控制台中，可以在 **Settings** 選單中找到，如圖 10-15 所示：

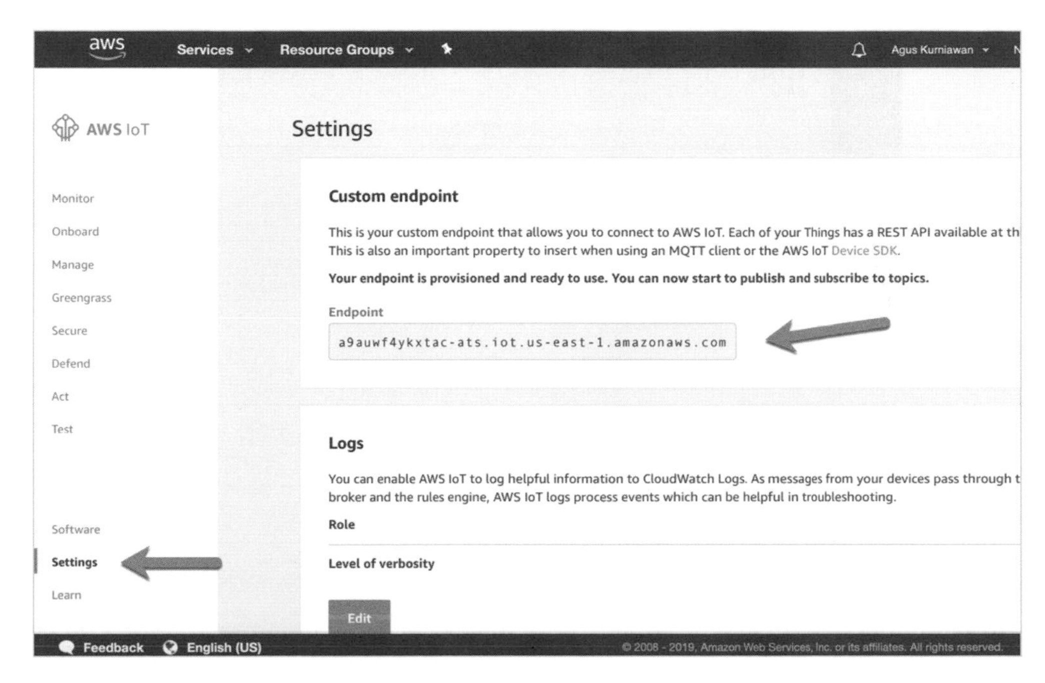

▲ **圖 10-15**：獲得 AWS IoT 伺服器端點名稱

完成後，`menuconfig` 中就會包含所有的設定了。

最後，我們要來編寫與修改 ESP32 程式了。

◉ 編寫 ESP32 程式

請依照以下步驟編寫 ESP32 程式：

1. 於主程式中使用 `awsiot.c` 檔案，加入 DHT 函式庫標頭檔。接著設定 DHT22 所連接的 ESP32 腳位編號為 IO26，如以下程式碼所示：

```
#include <dht.h>
static const dht_sensor_type_t sensor_type = DHT_TYPE_DHT22;
static const gpio_num_t dht_gpio = 26;
```

2. 於 aws_iot_task() 函數中，將 AWS IoT 主題變更為 sensor/esp32：

```
const char *TOPIC = "sensor/esp32";
const int TOPIC_LEN = strlen(TOPIC);

sprintf(cPayload, "%s : %d ", "hello from SDK", i);
paramsQOS0.qos = QOS0;
paramsQOS0.payload = (void *) cPayload;
paramsQOS0.isRetained = 0;
```

3. 透過 while 迴圈（如以下程式碼）來不斷讀取來自 DHT22 的溫度與濕度數值。接著，把這些資料傳送到 AWS IoT：

```
while((NETWORK_ATTEMPTING_RECONNECT == rc || NETWORK_RECONNECTED == rc ||
SUCCESS == rc)) {

        //Max time the yield function will wait for read messages
        rc = aws_iot_mqtt_yield(&client, 100);
        if(NETWORK_ATTEMPTING_RECONNECT == rc) {
            // If the client is attempting to reconnect
            // we will skip the rest of the loop.
            continue;
        }
  }
```

4. 使用 dht_read_data() 函數取得溫度與濕度數值，並使用 aws_iot_mqtt_publish() 函數將數值傳送至 AWS IoT。

```
int16_t temperature = 0;
int16_t humidity = 0;
if (dht_read_data(sensor_type, dht_gpio, &humidity, &temperature) == ESP_OK){
    printf("Humidity: %d%% Temp: %d^C\n", humidity / 10,
temperature / 10);
    sprintf(cPayload, "Humidity: %d%% Temp: %d^C\n", humidity / 10,
temperature / 10);
}
vTaskDelay(5000 / portTICK_RATE_MS);
paramsQOS0.payloadLen = strlen(cPayload);
rc = aws_iot_mqtt_publish(&client, TOPIC, TOPIC_LEN, &paramsQOS0);
```

```
if (rc == MQTT_REQUEST_TIMEOUT_ERROR) {
    ESP_LOGW(TAG, "QOS1 publish ack not received.");
    rc = SUCCESS;
}
```

5. 最後，請儲存程式。

接下來，就可以編譯、燒錄並在 ESP32 開發板上測試程式。

◉ 編譯、燒錄與測試

現在要編譯與燒錄 ESP32 程式。你的 ESP32 開發板應該早就接上電腦了，請輸入以下指令：

```
$ make flash
```

程式燒錄到 ESP32 開發板後，請打開像是 CoolTerm 等序列通訊軟體。對 ESP32 開發板開啟序列通訊，會看到包含了感測器數值的程式輸出，如圖 10-16：

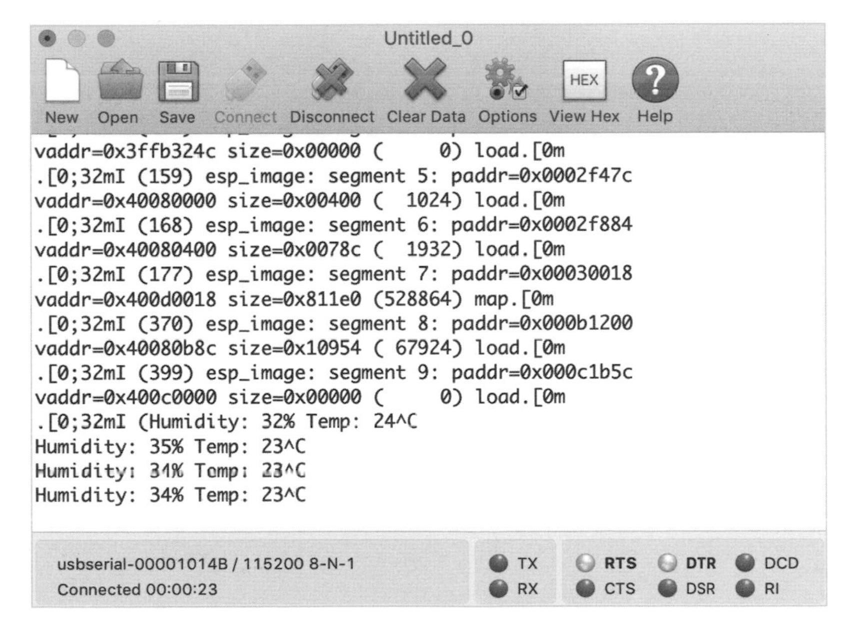

▲ **圖 10-16**：序列通訊軟體所顯示的程式輸出

現在，我們可以透過 AWS 的 **MQTT client** 應用程式來測試了。MQTT 是一種使用於物聯網裝置間的輕量型通訊協定。關於 MQTT 的更多資訊請參考：

http://mqtt.org/

你可以在 **AWS IoT** 控制台的 **Test** 選單中找到 **MQTT client** 工具：

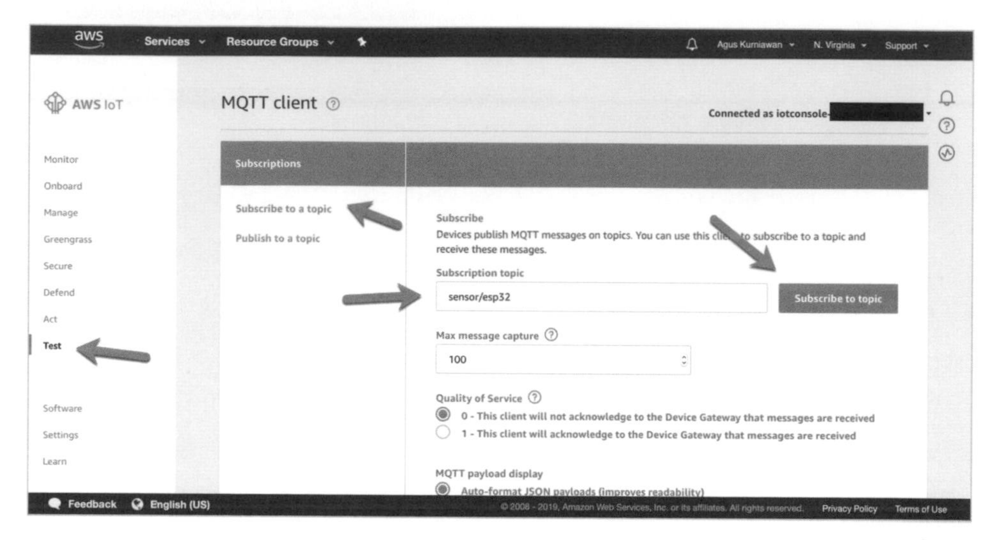

▲ **圖 10-17**：使用 MQTT client

請將 **Subscription topic** 設定為之前在 ESP32 程式中設定好的主題名稱。

接著，點擊 **Subscribe to topic**，你就會看到來自 ESP32 程式的訊息，如圖 10-18 所示：

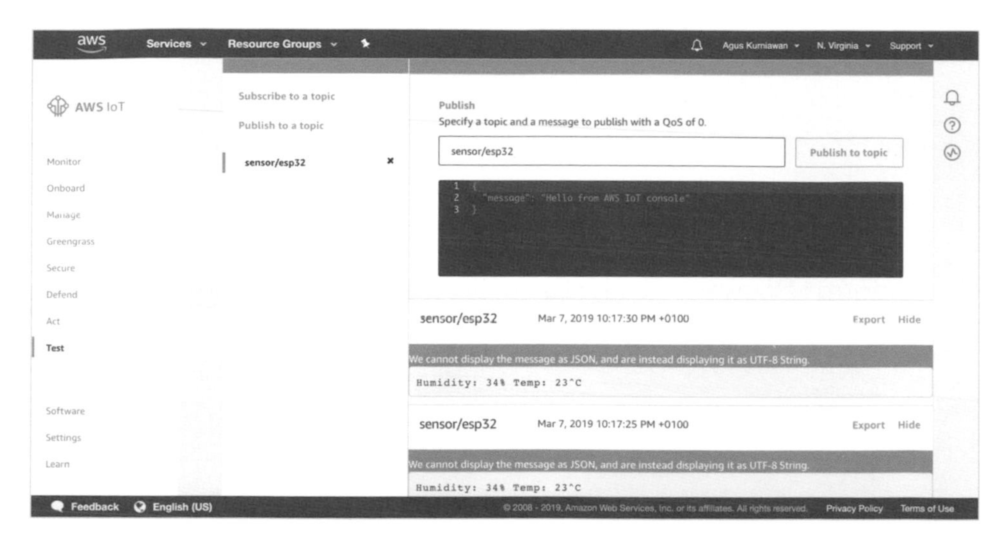

▲ **圖 10-18**：MQTT client 的程式輸出結果

你也可以在 ESP32 開發板上加上其他的感測器作為此專案的延伸。

10.5 總結

本章學會了如何運用 AWS IoT，並寫了一個 ESP32 程式把溫度與濕度感測器的數值傳送至 AWS IoT。我們也嘗試透過 MQTT 在 AWS IoT 與 ESP32 之間建立溝通，這項技術可以延伸應用在許多其他 IoT 裝置上。

本書到此結束！希望你有許多收穫也玩得開心，並歡迎你根據自己的需求來進一步探索本書中的所有專案。

10.6 延伸閱讀

歡迎看看我之前在 *Packt Publishing* 出版的另一本關於 AWS IoT 的書，書名為《*Learning AWS IoT*》。詳細資訊請參考：

https://www.packtpub.com/product/learning-aws-iot/9781788396110

實戰物聯網｜運用ESP32製作厲害又有趣的專題

作　　者：Agus Kurniawan
譯　　者：CAVEDU 教育團隊 曾吉弘
企劃編輯：莊吳行世
文字編輯：江雅鈴
設計裝幀：張寶莉
發 行 人：廖文良

發 行 所：碁峰資訊股份有限公司
地　　址：台北市南港區三重路 66 號 7 樓之 6
電　　話：(02)2788-2408
傳　　真：(02)8192-4433
網　　站：www.gotop.com.tw
書　　號：ACH023500
版　　次：2021 年 10 月初版
建議售價：NT$450

國家圖書館出版品預行編目資料

實戰物聯網：運用 ESP32 製作厲害又有趣的專題 / Agus Kurniawan 原著；曾吉弘譯. -- 初版. -- 臺北市：碁峰資訊, 2021.10
面；　公分
ISBN 978-986-502-911-1(平裝)
1.微電腦　2.電腦程式語言
471.516　　110012425

讀者服務

- 感謝您購買碁峰圖書，如果您對本書的內容或表達上有不清楚的地方或其他建議，請至碁峰網站：「聯絡我們」\「圖書問題」留下您所購買之書籍及問題。（請註明購買書籍之書號及書名，以及問題頁數，以便能儘快為您處理）
http://www.gotop.com.tw
- 售後服務僅限書籍本身內容，若是軟、硬體問題，請您直接與軟體廠商聯絡。
- 若於購買書籍後發現有破損、缺頁、裝訂錯誤之問題，請直接將書寄回更換，並註明您的姓名、連絡電話及地址，將有專人與您連絡補寄商品。